与生命和解

马雪峰 著

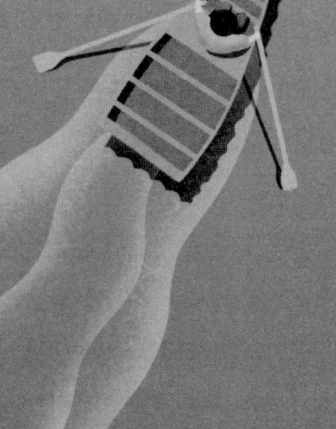

山西出版传媒集团

北岳文艺出版社
BEIYUE LITERATURE & ART PUBLISHING HOUSE

· 太原 ·

图书在版编目（CIP）数据

与生命和解 / 马雪峰著. — 太原 : 北岳文艺出版社, 2024.7
ISBN 978-7-5378-6865-5

Ⅰ.①与… Ⅱ.①马… Ⅲ.①散文集—中国—当代Ⅳ.①I267

中国国家版本馆CIP数据核字(2024)第099904号

与生命和解

马雪峰 / 著

//

出品人
郭文礼

选题策划
韩玉峰

责任编辑
韩玉峰

助理编辑
郝宇琦

书籍设计
百悦兰棠
[BAIYUE LANTANG]

印装监制
郭 勇

出版发行：山西出版传媒集团·北岳文艺出版社
地址：山西省太原市并州南路57号
邮编：030012
电话：0351-5628696（发行部）0351-5628688（总编室）
传真：0351-5628680
印刷装订：廊坊市海涛印刷有限公司

开本：880mm×1230mm 1/32
字数：150千字 印张：7
版次：2024年7月第1版
印次：2024年7月河北第1次印刷
书号：ISBN 978-7-5378-6865-5
定价：58.00元

前言

人类从古至今生命绵延相续，究竟为的是什么？而每个人生命的意义到底又在哪里？有答案吗？如果有答案，答案是什么？如果没有答案，那么是谁定下了这世间制度的框架？又是谁区分了对错的标准？依据是什么？

我们曾经历过在圣人引领下向我们的世界寻找幸福和意义的阶段，我们也经历过向其他世界寻找幸福和意义的过程。我们存在的意义究竟是什么呢？身处于"视经济目标为成功标准的"现代化竞争急遽加剧的今天，生活的压力与精神的折磨比以往任何时候都更严重，所以现在对于生存解释的要求比以往历史上任何阶段都更迫切、更亟须。是时候需要我们对这个世界做出明确的、贯通一切的解释了。

本书不是从外部世界探究生存意义的角度去查证一切，而是从人的内部思想出发来探明一切。思想的由来与人类生活息息相关，需要切入到一个人的生活中去考察。"如果存在终极意义，那么所有人最终势必都会到达意义指向处的同一境界，尽管时间点可能不同。因为唯有通过此一点，意义本身才会被全体人类经验所证明。"（引自本书第四章《透视生活》）所以文章切入到我的生活里。从我的童年写起，沿着我成长的足迹，伴随着我人生的经历逐渐展开，愈渐复杂，一点点剖析出人思想的来源及演变的过程，及自信、世界观、价值观和人的思维模型形成的全部过程。通过这一路写来，揭示出我偏见思想的由来，揭示出我痛苦产生的根源，及通过我的视角、我的经历、我的困惑和质疑，揭示出存在于这个世界上的诸多矛盾。比如，为什么正确的理念或者法律摆在那儿，却还有那么多人硬要冲撞道德、冲撞法律，去抢劫、去犯罪？以及人性的黑暗面，诸如背叛、伪善、矫饰、欺诈等，还有对爱情本质的诠释，对婚姻制度的解析。与此同时，由特殊到普遍，由个体及全体，推而及之生活中的每一个人，探寻出在面对生活每一个人的思维模型及其所有反应背后的因缘过程。

文本继续推进。通过我做违背我内在道德即良心要求的事时所产生的内在心理活动的描写，通过对头脑中的一套思维（即上述来源于环境的一套思维）与内心中的另一套思维（即内心世界）的矛盾冲突的描写，通过我暂时放弃外部活动转而对内心世界进行探查的过程的描写，及后来对突如其来的一束灵性的光作用在我身上并对我所产生影响的整个描写，一点点揭开人心灵的秘密，并以感性的认知初次确认"终极意义"——即创造这个世界的理念，同时也是"爱"或说是"良心和光"的发源地——的确存在的事实。

再通过理性的思考，以假设的方式反过来推论，即假如终极意义的确存在的话，如何对现存的一切问题进行解释。例如，为什么人与人之间存在各种不平等？为什么有贫富、智愚、贤庸、美丑、善恶之别？为什么不能创造一个更为和谐的世界？为什么要让我们的世界到处存在仇恨、恶性竞争、伪善等各种阴暗面？为什么世界上会有战争、有暴力？有邪恶之人？人类的各种创新灵感是从哪里来？从而推论出终极意义的确存在的事实。并在这一反推过程中，阐释孔子的思想、老子的思想，并最终推导出物质生活与精神世界之间的辩证关系，从而找到每一个人存在的意义之所在。本书还顺带解释了智能机器人发展进程中必将面临的局限性，解释了科学与迷信的分野到底在哪里，以及命运中的"命"到底是怎么回事，解释了为什么有的人确实能测算将来，还有关于有没有必要算命的问题，以及人类社会的终极去向。

现今是人人智识觉醒的时代，要求能对存在的一切做出合理解释，能对这世界做出合理解释，人人都期待一个答案。此书即为回应。

目录

第一章　生存的意义到底是什么

劲风疾吹，尘埃荡落。

身存于这尘世间，总有一天，我们会为生存所警醒，要在生活的多面性中做出选择，无论主动或被动，无论有意识或无意识。我们都要为这不明了的自我在这看不清的尘世中找到一条路。活着的意义，我们从来无从知晓，也从不被告知。好似无论怎么选择都将是一笔糊涂账，但也明白，只得如此，就像一直以来，面对生活的风风雨雨，我们所做出的各种改变与选择一样。现在面对生存，面向人生，面对"既要生活却又不知人生意义究竟为何"这一大的人生命题时，我们也需要再次做出改变与选择。

没有谁能够一成不变地活于世间。尘世的风飘摇不休，我们在时间中一点点变化。曾经懵懂无知，如今工于算计，曾经单纯率直，如今患得患失，又或曾经叱咤风云，如今萎靡憔悴，曾经一心一意地只为他人付出，如今却看淡世情只求自己幸福，还有那曾被公认为生性顽劣、怙恶不悛的少年，却也毫无来由地变得悲天悯人、佛心道骨起来。

偌大的世界，微渺的个体，为求得尊严荣耀无辜落入这尘世间，本就不该被轻视的生命，我们全都奋力过活。我们时聚时散，我们或友或敌，我们相互团结却又彼此离间；我们为是非对错纷争，我们为善恶好坏争辩，我们白首为功名，我们碌碌营营。世间之事交错繁杂，一切看似分明，一切又不明不白。

昨日之非者今日为是，昨日之爱者今又生恨，昨日有恩者今反成敌。有人天生富贵，有人自小贫贱；有人飞黄腾达，有人失魂落魄；有人有情有义注重人间纲常，有人我行我素无视一切礼仪规矩；有人为达目的不择手段，有人看破红尘无诉无求。

茫茫乾坤，忽明忽暗；世间万象，变化莫测。这个世界，我们不懂，我们不明白。但生而为人，我们却又必须要懂，因为它与我们息息相关，我们的幸福取决于它。我们以为，既然出身和先天条件已无法更改，但上苍之不公带给我们的短缺，我们可以通过自己的努力求得。我们以为追求幸福是每个人最大的权利，所以在以物质为贵的时代里，在同历史文化彻底断裂的今天，在相对于以往所有时代属于最自由的时代的今天，我们每个人都穷尽浑身解数想尽一切办法在物质层面令自己即便不是独占鳌头，也不能落后于他人。我们不在乎身体劳累，我们禁得住疲累交加，我们顶住压力奋力向前在所不惜。我们只要在物质上不输于他人，这样我们心灵上就会产生一种"一览众山"小的优越感。对，我们要的就是这样一种感觉。

仅凭这一点，我们对物质生活的追求也不愿随便停歇。身体疲乏了，意志顶上；心灵困顿了，随便发泄一番继续无视它。在这个功利的时代，没有什么能够阻挡我们对外在世界的无限的追求、无限的热恋及无限的霸占。我们渴求它，我们急需它，我们唯有凭借它才能在人世间找到属于我们各自的一席之地。所以我们全都忘乎所以地热衷于它，机械地执着于它，直到我们的身体在这尘世间历经无数次流血流泪，无数次颠扑折磨，无数次屈辱受伤，却仍然不能让我们达成所愿之时；直到拥有生命体的自我意识到灿烂韶华一去不复还之时；直到无论我们拥有多少物质财富，却仍然难免感到虚空彷徨之时。曾经被绑架、不被过多重视的内在才稍稍抬头，蜷缩一隅、因被过分管制、过分克制的心灵，才稍微得到些许释放。于是我们开始反思、评判及质问……

到底怎么做才能不虚度此生？我们到底应该追求什么？这一生的意义到底是什么？在急促的快节奏生活的今天究竟是该因劳累、厌倦而返璞归真、安贫乐道、遗世独立呢，还是要与时俱进、马不停蹄、奋不顾身、誓为人上之人呢？究竟怎样做是最适合的？我们究竟该如何抉择我们的生活？

一面是需要侍奉的自我生存，一面是残酷无情的人我竞争；一面是不甘落后的物质追求，一面是不堪重负的精神压力；一面求尊荣求彰显，一面愈挣扎愈困惑。在混沌不清的世相里，在尽显其能的求索中，在碰触摩擦无数次的博弈后，疲态拽住日益明朗的时局，终于一起沦陷进无语的时空里——我们烦累交加，欲想挣脱却诸事不便；我们思欲从简，不闻不问又总是被打断。所以我们还在原地，最终没有超脱这尘世，还像昨天，期期艾艾、不咸不淡、苟延残喘般地活着。

我们站在尘世的泥地上，不满于这尘世的污垢；我们想放飞自己追寻精神的高洁，却又无奈这轻飘的思想带不动我们隶属于大地的物质的身体。于是我们自我教诲，自我寻求突破，一次次不得以地改观。我们变了，像是白日掺杂了黑夜的幽暗，像是冰肌的泉水裹覆进昏黄的泥沙。

但问题却并没有得到解决，它还在。现实之欲求与心灵之渴求如同人身体之阴阳两面，彼此形影不离，却又水火难容，每时每刻互相掐架，每时每刻道高一尺魔高一丈，两者此消彼长，此长彼消，喧闹着，在以人的身体为场所的战场里争论不休。

善与恶，好与坏，美与丑，聪明与愚笨，富贵与贫贱，君子与小人，身份之高低，名声之大小，国家之强弱……我们穿行于各种声音当中，厚重的历史留给了我们认知自己、他人及世界的各色标准，所有这些分类都在搅扰着我们的视听，所有这些差别都在刺激着我们的神经。身处这个世界，我们迷惑了，对于这个世界，我们愈发不解了。人人都说世界进步了，但我们却分明感到活得并不轻松。难道我们要的幸福并不能由此种进步带来？抑或是我们早已迷失于千年的追寻当中，早已忘了我们最初的意愿？还是社会发展所带来的变化已大大出乎我们的预料，我们不曾想到最终却是我们自己将自己禁囿——我们虽一半还是主人，一半却已沦为了奴隶？总之，我们不快乐，我们困惑，我们纠结，我们不得安宁。

现在，我们不再奢求太多，我们仅求身心的平和，我们呼唤宇宙苍生的和合。我们不必非得要强调彼此的差距，不必非得要通过炫耀物质的力量来表明你我身份的优劣主次及从属。我们都很累，我们不愿再这样，我们期待着解决。我们寻求对这芸芸众生天地万物的重新诠释、合理安排，我们寻求最佳的方案，我们会一起努力，共同探索，不遗余力，就像我们从历史之初来到现在一样，不怕艰辛，不畏险阻。

第二章　我们的求索之路

　　历史的起初，古人向现代瞩望，深信幸福就在前方，于是不畏险阻踏过时间的长河一路向前，丰硕物质，为的是有一天每个人都能够拥抱幸福。而在广袤的空间里，诗人暗自叹息，他说，生活在别处，于是我们又转向外在的世界求取幸福，寻寻觅觅。然后互联网时代来临了，凭借不可思议的科技之力，我们纵情地优游于时空当中，一切都不再是障碍，一切尽收眼底。急切地饱览完古今中外的人情世故之后恍然发现，原来我们都不轻松，原来我们各怀忧虑。

　　美梦碎了。上帝嬉闹着，通过变幻各种障眼法促使我们同他游戏的花招，被我们一一识破了：前方没有什么，四周没有什么，幸福不过是个幻影，一劳永逸只是个传说。真相大白的时刻，我们猝不及防，俨然一幅洪水要浸没村庄，毫无准备的人们四散而逃的场景——且不管能不能逃脱，关键是一定要逃。先找个看似安全的地方暂且躲一躲吧。预防洪水来临时身体自动产生的自我防护意识，一经在人的脑海里燃亮便不会轻易熄灭，得过且过的实用性思想就此脱颖而出，以一种无须商量的小人得势的姿态，轻而易举地推翻了千百年来人们一脉相承的、一整套圣人对于生存和文明诠释的思想文化。很快，圣人的千秋伟业化作了俗人的鼠目寸光，万众一心的公众计划流散成各自的自谋出路。

人人自危，人人寻求保全。但出路在哪儿？名垂千古和光耀门楣的口号早已无人理会，圣人基于维持社会稳定在人的脑海里所撒播下的思想的种子，终究还是经不起驽钝之人几千年的反复验证，照旧被推翻了。支撑旧的社会关系下的人文思想的条条框框，在历史坎坷不平的经历中已经被颠覆、被拆装，已经分崩离析。余下的仅是一些零七八散的思想碎片，外加人们在新时期的偶然心得，一起游荡在人类不明所以的模糊意识里而令其更加含混不清。到底生存的意义在哪里呢？到底该怎么度过这一生才不会留有遗憾呢？到底该追求什么呢？什么是对什么是错呢？于是我们四处捕寻，于是我们处处试验，权威性的统帅倒下了，我们各自都成了自由作战的野战兵，竭尽自己的力量在漫漫长空里踏寻自己的突围。

自认是普普通通的寻常百姓加紧追随他们眼中的所谓精英人物的脚步，但他们并非以为真理就掌握在精英人物的手中，他们不做此思考，他们很少会主动涉及除却他们一亩三分地般现成利益之外的其他事情，譬如生活真理的问题。他们只是习惯了被指引，习惯了对于圣人或是权威的绝对信任，习惯了自己追随的命运而不用虑及其他。他们以此为乐并且乐此不疲，在比上虽不足但比下绝对有余的侥幸心理的慰抚下，他们磕磕绊绊地度过自己的人生。这是他们对待生活的态度，这是属于绝大多数人的常规之路。只是一些人不得已从常规路上提前走开了，他们是被迫离开的。他们本有可以照搬的生活模本，但多舛与磨难兜头盖脸地朝他们劈将下来，他们只得全身隐避在苦难的生活面前，沉重而叹息地活着。生活在他们眼里俨然化成一副可憎的模样。公平？公平成为他们最苦恼的事情，成为他们不时地想起上帝的缘由，成为他们质疑生活本质的最根本原因。他们不得安生，不得安生折磨并且启迪着他们。另外一些是精英，各行各业的领跑者，缘于各种内在的或外在的原因，成功地捕获了地位、名誉、财富等众多尊号，他们是神话，在别人的眼中。他们蠹立顶峰并试图维系住顶峰，他们不停告诫自己，也唯有他们自己知道他们的苦恼并不比谁少。如若不能持续地在本行内有所突破，那么除非他们能通过生活本身发现他们聊以自慰的途径，否则巅峰的神话萦绕在他们的意识里所形成的不可一世的幻觉，这一幻觉会失去的恐惧和巅峰过后的落寞，都会将他们引向不愿预想的境地。他们是俗人，他们在寻求解释、寻找答案。

是困局，也是死穴之地，似乎没有什么是可以永久仰仗的幸福。无论是按照圣人的信条生活也罢，抑或是弃绝所有他人的指点、完全按照自己的意愿从事也罢，生活从来都像一个巨大的隐而不现的网，我们统统身处围笼，我们在其中度过我们的时间，我们在其中寻求自我的定位，我们微笑，我们哭喊，我们辛劳，我们酸楚，我们却始终无法透彻地明白自我存活的意义，始终无法逾越那网的局限，始终无法返身回看我们这些芸芸众生。我们被蒙在鼓里，我们目睹了一场荒谬绝伦的奇特怪事……

所有人都明白无误，所有人又都不明不白，但不管怎样，生活还是要继续。我们依着各自的情况在看不穿的生活汪洋之海里，随选一处聊寄此生：

沉溺于生活的，选择与生活周旋，并且尽量在生活的千姿百态里和千百种滋味里求取某些细枝末节的满足：比如家庭，比如事业，比如金钱等等。跳脱的，未完全被生活驯服的，要么间歇性地来来去去，要么依附于某一宗教，在隐忍的近旁归顺。抗拒生活、反叛生活的，或者暴毙自己——精神的游离——放浪形骸，在一种被称作为离经叛道的状态里游戏人生。

　　各自的突围之路最终潦草收场，得获微乎其微。人类仍旧在不明所以地生存，在茫茫涯岸边做着低效率运动。虽然结果照旧无法预知，但长时间的漫漫求索路却让很多人精疲力竭，再也难以安心自律了，所以一些人潦倒了，一些人反叛了，一些人疯狂了，一些人抱残守缺般地凭手中所有而不思不想地自娱自乐。

　　世界没有响应，人人自行其是。

　　就让亿万人自我流放于大千世界里、茫茫人海里、稍纵即逝的时间里，就任他们随命运之风凋零、随命运之风飘逝、随命运之风陨落，也许这样他们就会过得稍稍舒坦些，也许这样心灵就不会再有纠缠不休之苦楚，也许这样世间就会彻底消除了抱怨声呢？

　　可是如果任人为所欲为，恐怕世间将会出现难以想象的混乱。路又僵住了，好像刚在万千乱麻中探索出一条有希望的小径，却猛地发现小径的背后牵连着更大的障碍。阵阵刺痛不时袭掠过我们的心头。竭尽全力却总是归于无能为力，又无法完全弃却，思虑如同一只嗡嗡嘤嘤、一刻也不休停的恼烦的苍蝇萦绕在人的身边，令人焦躁难安。

　　不知道自我个体的来龙去脉，不明白生命存在的价值，却又不能停止思考，仿佛是一条正在作业的、具有全部生产能力的流水线，上天却无视其生产能力，有意地断断续续向其中缓送原料，令其大部分的时间都空置运转，简直是一场无休无止的虐心的折磨。它要求每个人以自己的方式来对抗上帝有意设置的不痛快，不管你如何，上帝却始终在一边自顾自地对一切闻而不问。

于是始于生活的求索最终又回归到生活本身，迷局一般的人生，魔幻般地兜兜转转，出路在哪？

生活以向外求索的名义起始，历经时间，跨越空间，突破层层迷雾，眼看即将要抵达结尾，即将要为行程画上圆满标记，即将要揭露真相的时刻，却不料生活先行我们一步，未等要求便陡然向我们展示了生活的全部画面：那是一条条径线并排于生死之间，没有对错，不分先后，无谓优劣，各具忧患。我们分居于径线的各个位置上。

终于我们清醒地意识到一点：生活无法向我们提供答案，因为问题不在它。原来是我们错了，我们从一开始就错了！生活以一场假设开启，令我们误以为幸福和意义从生活中获得。到头来，我们才看清原来那些假设根本不成立，所有的实践向我们证明，我们曾经所做的分析、实验的途径，全部都应推倒重来。我们应该重新审视我们的生活，以另一种视角、另一种途径对它进行重新诠释。

第三章　孤渺之存在

　　大千世界，茫茫人海，嘈杂纷乱、此起彼伏、绵延相续。人于空冥中坠世，从虚无中醒来，以一己之纤弱肉身生于世界。随后，人便被带进一种氛围，被告知一种秩序，接受一种规则，直至习以为常地任凭时间的流逝而渐长渐壮。

　　一切安之若素，一切处之泰然，从来都是如此，我们从无异议。直到有一天，被驯服良久的心灵在千差万别的境遇里窥见自己的落寞，窥视到落寞的缘由，我们不再平静，我们思欲改变，我们难甘于此。于是，在此之后个人蓬勃的生命力与命运、与外界相抗衡。所以一代又一代，历史不断向前推进，时代永远自我完善，世人终生碌碌营营。

　　昨天之弱小者，势要强大；昨天之窘困者，念想通达；昨天之受贫者，立志聚富。昨天恰如一个不欢而散的梦魇沉留于人们的心底，人的一生都在寻求弥补这最初之不足，永远都在为证明自己而自强不息。

　　只不过后来，因各自因缘际会、各自智愚贤肖、各自意志努力等的不同，人生结果亦大不相同。一些人一事无成，一些人梦想成真，一些人抑郁沉沦，一些人自满自负，一些人念念不忘昨日遭遇，终陷入昨日之窠臼，成为冷落他人之人。另一些人，昨日之不如意鞭策他们行进，但他们却并不终止于个人得失，而是在更广泛的意义上寻求更深层的解决，为所有降临于世的万千大众而解决。因此，我们说是一部分人创造了历史，于是有了凡夫与伟人之分，小人物与大人物之别。

人们总是在有差别之时，试图平衡彼此，却又在千方百计寻隙彼此之不同。

无奈，问题绕来绕去又回归到原点。为消除差别带来的屈辱而产生的动力，经过一番努力后又不自觉地将人分门别类，划出三六九等，一不小心又复回到原有的人文道路上。

人世间充斥了诸多的矛盾：一边我们祈盼人我平等，一边又总在强调彼此之差距；一面我们希望彼此友好彼此支撑，一面我们又总是相互蔑视彼此排挤。历史走过了这么久，所以制度几经更换，所以我们总在殷勤热切地构思完、实践过我们理想的人间天堂之后，换来的却总是这样一幅不甚如意的画面。

终于我们不无痛惜地意识到这样一个问题：等级是不可能被完全消除的，因为它产生的根源在于我们自己，在于我们人的本性呼救；它就存于我们的心底，那忽明忽暗、闪灭游移、动转不定的地方，那连我们自己也难能拿捏得住的地方。在那里，我们找到了世界的秘密之所在。

任何制度都是会存在缺陷的，因为制度是死的，而人心是活的，无论它怎样变更，它在开始时怎样顾及周全，怎样尽善尽美，在经过了一段时间之后，都势必会显示出它的力不从心。但制度又是必要的，因为它在意的是大众的安危，维系与斡旋人间的秩序。

又是矛盾。好似世间之事都是如此悖论性地绞合在一起，令我们艰于顺从的同时又无法抛却。就像人生，有一丝乱，有一些揪心，有一种痛中之快乐，又或者倒错之癫狂，常使人跃跃欲试，转又令人彷徨厌倦，龃龉交错，结果只能是欲罢不能。

因此我们看到，曾经无知无名的个体生命，因为生活本身，或者因为执意要实现自己的抱负而被卷入了由众人组成的汪洋之海中。在海中，个体世界被一下放大了，仿佛一瞬间置身于玄幻而富足的物质世界的迷宫里。人被震慑，同时又被怂恿，被挑逗，又被压制。不由自主的，最初单向的生命热情四散开来，在无所不包的迷宫里浪逐游弋，恣肆忘我，随着众人摇来荡去，直至迷失在时空中，继续对这个谜一般的世界无解又无知。

我们生来就应该成为小人物吗？那为何总要指望别人为我们指点迷津呢？又为何我们一面不愿做小人物，一面又心甘情愿地将自己思想的权力如此轻易地拱手相送给他人呢？

我们是否仅想借小人物之名得其利而不愿坐其实？抑或是我们自身的矛盾性，一面承认人我之间的差别，一面又极力否认它？

那么这世间到底有没有公平可言呢？存在究竟又是怎么一回事呢？难道以无名之始的人生，莫名地在人世间以各种姿态呈现过之后，注定真的完全灭寂，终将付之阙如，来也空空，去也匆匆？否则我们追求的又是什么呢？人类一代代繁衍如果不存在具体的意义，那么就像某些早已灭绝的动物那样不再有后代，又会有何损失呢？

聪明与愚钝，富贵与贫穷，美与丑，善与恶，好与坏，是谁造就了这些呢？人类之始我们就有这些差别吗？最初我们是从哪里来的？到底有没有那个被称作造物主的上帝或天老爷存在呢？

如若有，那么这世间的逻辑：总是有人富贵有人贫穷，有人聪明有人愚蠢，有人美丽有人丑陋，有人善良有人邪恶，人生之初亦是有这些不平等，人与人的关系也因之而半为盟友半是敌对，究竟又是有何用意？万能的神为什么不能创造一个更为和谐的社会，为什么要让人与人之间的关系如此剑拔弩张、纠缠磨折？

这世界需要解释。

我们期待一个明晰合理的解释。不要再像历来圣人伟人那样给予众人一个笼统的口号，教导芸芸众生该如何如何；不要再通过战争或这样那样的事情将人的视线引向别处，以暂时回避这些棘手的问题；当然更不要指望通过武力制裁或是毫无来由的信仰，来胁迫众生当场跪地就范……

也许这才是历史发展到今天的真正动因，无名的众生于千年的光阴中一次次不自觉地集体探寻，探寻人我之间的关系，探寻自我的出路。为厘定这关系，为保证这出路，人们不得已一次次借助各种事件、通过各种运动不断地在尘世推陈出新。没有什么是一成不变的，除非这世界人人各得其所，除非幸福的光环分毫不差地同时降落在每个人的头上。否则，这世界将永远处在动态的变化当中，亦如过往和从前……

但是，如若靠硬性的政策规定将物质的资料在人世间平均分配，以均衡人我之间的差距从而维持人世的稳定，这一方式亦是不可取。因为毫无差别的可预见性结果使得人不再积极于耗费人大量精力和脑力的创造活动，使得人人都不愿再发挥自我的主观能动性，而均以怠惰心理消极应世。于是整体水平都将处于低层次，而最终不利于每一个人，历史也早已证明过此点。于是剩下来的便只有人人各得其所了。

可是如何能让人人都各得其所呢？也许只有在无尽的人事代谢过程中，当所有人关于生活或存在的思想趋同一致，小人物追上大人物的脚步，各人所见略同；囤积的财富抑或名望、才能等都不足以为奇，没有了羡慕，也就没有嫉妒，没有落差。所有人都淡然而积极地活着，在各自的领域生产着创造着，各尽其才各尽其能地安然地存活着。到那时，各种设防自然退去，边界消失，人们真正和谐地生活在一起，无须防范，亦没有等级，一切都不再成为问题，起初应人类本性自然的呼救而有意设置的各种规范人间秩序、平衡人我差别的措施，亦会随着对人类群体本质更深层的认识而全部消弭。

我们原来都一样，我们从来都一样，出自同一个造物主，也终将会到达同一个点，也许这就是我们的本质，其余的都是虚妄。

只不过在从前有先后，你比我认识得要早一些，如此而已。

我们一直都走在同一条路上，曾经我们有过先后，现在我们都到达了同一点。

等等，不对。那么，思想？如若有一天，当所有人的思想（当然是关于生活或存在的思想）都一样，对所有一切都见怪不惊、云淡风轻，那么让圣贤之人将腹中所思所想全部倾倒出来，我们这些平民百姓全部照做不就可以了吗？

　　不可以，问题正是出在这里。被给予的思想，如果不能与个人的经历相联系，如果个人从未在自己的人生经历中提获与之相关的任何关系，那么任它再美妙的思想，无论它怎么高大深奥自圆其说，无论它怎么能让一部分人醍醐灌顶幡然醒悟，都无法注进一个毫无感觉的人的心海里去，留下些许印记。它做不到，就像花香袭人那样，只有那些深深感受过同种花的味道的人才能强烈地做出回应；抑或是只有再次感受到同种花的花香时，才有可能忆起曾有的感受那样。只有这时，它才会真正被你获悉，成为你身体的一部分，为你所自由运用。大约这也是记忆的原理。否则，就如同一片云划过天空，如同一个美人经过你的身旁，在你的脑海里漾漾了片刻之后便永久地消失了踪影。如果你根本不能理解，不能感同身受，但你又继续执着于以此思想为指导，那么不久你便会感到仿佛是桎梏加身，你被束缚了，你要极力摆脱它。也如同教育，再至深的说教对于完全没有同感能力的头脑来说都将是多余的，除非日后他能遇到类似的问题，方能顿悟昨日教育者的良苦用心。没有人是可以通过仅模拟他人成功的模板就能成功的，人需要靠自己的悟性，将所学的东西与自己的实践相贯通，使之真正成为自我身心的一部分，如此所学才能真正地为我所有，为我所用。

　　所以我们都需各自经历，生活是历练，通向幸福的真谛在此中获得，没有捷径，无法翘首观望，坐等他人的指点或是垂怜。每个人都是自己的救世主，通过自己塑造自己，完成自己。

　　也许这才是最公正的公平，与所有他者均无关的公平。

同样，这也将是很久很久以后的事情。这是我的推测，这人间所有世人行动的终极结果必然是：和谐，宁静，亦如世界之初始之时的恬淡与安然。只不过有所不同的是，一个是扰攘繁华过后的众相归一的安宁，一个是山雨欲来风满楼之前的、浑然未知觉的、相守相安的宁静。

什么？我是谁？跨越时间、冲破空间再回来，我是现在的我。而现在就是很久以后，许久以前那个时候的我们完全不同于很久以后的众相归一之时的他们。那时我们创造出各种名目以区别你我，就像那时人们将文学作品划分为小说类、诗歌类、散文类等，浑然忘却了文学源于表达的需要：可以随行就市，亦可以大一统那样，相互之间可以随意衍化。其实万事万物中，人们总是因区别而分类，因分类而各成一家，整体被碎裂，而不明就里的后人却经见不怪地、将目光永远地定格在此种分裂的范式里不以为奇，还以为原初就是这样的。这不能不说是我们共同的悲哀。那时，有人被称作大亨，有人被尊为高级人物，有人被定义为天才。当然，也有人被称作贫民，有人被呼作小人物，还有的被认作是蠢才。凡此种种，不一而足。而那时我被认作是小人物，如果以大小定论。如果以高下定论，那么那时我则是下层人物。这即是我的身份。

对，我是小人物、下层人物。他们都如是说。

对，一个人的身份或他在众人当中的地位，往往不是他自己说了算。不管他同意与否，从他出生的那一刻，他就被带入一个无形的场中，以后则是一连串无形的场，他在其中被定义，被置评，被高褒，抑或是被非议。他出入其中，他也许有些微影响力在这个无形的场中，或多或少地会带来一点变化。但总体来说，他并不掌控话语权，无法左右无形的场针对他进行的、飘忽且又确在的一切品评。那些品评，有些似是对他进行的中肯的评价，或可能是恶毒的预言；有些似是讨好于他的有意奉承，或是大有深意的"欲废之必兴之"的巧妙运用；有些似是善意地规劝人，或是有意地限制人。只是谁又知道呢？谁又知道他们的真正用意呢？只是，不管你知不知道、明不明白都无所谓，因为那些品评从来都是如此这般狂妄与不知趣，从来都是我行我素、无关他人般横空出世，然后以干扰你的视听为乐趣。

你如果完全相信它，那你就错了，它对你不负有任何责任与义务。

你如果不信它不理它，那也不行，那样你就危险了，你就得承受无形的场中无形的人共同对你进行的围剿。

这就是我们所在尘世的现状。所以一些人，一些独具聪明才智的人共同研发了独具各个地方色彩的酱缸哲学，一来可以共进退，且美其名曰"明哲保身"；二来对于某个看不顺眼的人，可以凭集体力量将其轻松制服，正所谓"窝里斗"。同时，不仅同一个场内如此，场与场之间也是互不相容，互看不顺，互相指责。比如城里人指责乡下人，再比如稍稍有些学历或学问的人，那恣睢轻慢的态度，尤其对于那些他们自以为不如己者，总是一副高高在上的姿态。在这里我要多说一句话。我想，也许是我们共同误解了"文化人"的定义，我们以为有学历即是有学问，亦即有文化，实则不然。尤其在我们现行的教育体制下，由工业社会分工协作产生较高效能的经济理念背景下，原本大一统的文化思想被分割，一块块离析出来各自为据，只能够为物质的世界添砖增瓦，却再也无益于整个人类文明的建设。这样的学问，不管各自多么优越，都不过是些断简残篇，都只是一项技术，形形色色的各类技术，与文化无关，与整体文化更无多大关系。再者，是地位稍稍高的人鄙视一干群小，认为他们粗鄙无知，浅薄愚鲁，等等。此种事情比比皆是。人们习惯于通过贬损他人、踩践他人来找寻自我的存在感，此是人性之弱点，属于群体性事件，落成于群体性之偏见，由群体性偏见终又坐实成为"我们向来如此"的思考模式。于是我们看到一些人对另一些人毫无缘由地顶礼膜拜，另一些人则毫无愧色地乐享其中，甚至彼此都受用。不过场与场之间出现的这类问题纯属是由于过去信息不对称导致的，所以在目前及以后的时代里终将会愈渐趋少。

少，但还会有。你比如说，当我——一个来自社会底层的小人物欲对这个世界有所讨论之时，我想诉诸文字来表达我的观点之时，势必会招来一大拨人，以各种姿态试图对我进行口诛笔伐，对我横加指责，直至翻飞的唾沫将我淹埋到我再也无还手之望时，兴许他们才会善罢甘休。

他们说，你一个小地方的人，年纪又小，就上了那么两三年班，以你少有的经验并且是略显局狭的经验欲对世界进行诠说，你也太自不量力了吧？当然，他们也许不会如此直接，想必是文绉绉的，或者是十分克制地、合理地雕词琢句，但意思都一样。

他们也会说，欲通过写作文学作品而对世界指手画脚，以你浅薄的知识，你能行吗？那么多的圣哲，你难道不知道吗？难道你自以为你比他们都要懂得多吗？我很惭愧，确实，论各方面我都不如他们，并且我也无任何可以炫耀的资本，学历及经历我都普通得不能再普通。而且，我以前也从未写过任何有所建树的只言片语。

这简直是滔天笑话！他们自言自语道。所以我看到，慢慢的，没有人再理会我。如若是曾经写过什么并且还有那么一点的知名度的话，真的这次就不必写了，他也实在是写不出什么来了，他已经泄气了，被来路不明的各路英雄已经劝解成功。而我呢？他们谅我也写不出什么来。当然最重要的是，他们谁也不知道我的存在，所以我依旧可以继续做我想做的事情。所以有时没有人关注你也未尝不是一件好事。

但是，他人，即与你生活并无实际关系的那些周围的人的不关注，并不代表你就会无人关注，你就是自由的。来到这个社会，没有人是完全自由的，我们都被各种与我们亲近的亲人，以各种理由被束缚在各个层面上而动弹不得。他们总是打着为我们操心焦虑的旗号替我们做选择，他们以自己的切身经验现身说法，他们恳求你，他们苦苦哀求你。

聆听还是不聆听，遵从还是违逆，每个人都曾在这条路上徘徊僵持过。这是又一个情境的问题，如同上述处理场内与场外人的流言蜚语的问题。人的一生就是如此，在不同的时间、不同的空间、不同的背景下却要经受着同一问题的考验，以后则是一系列相似的各种情境，大同小异的各种处境，与物质的多寡无关，与他人所处的阶层高低无关，但对当事者所产生的意义，致使他们所思考的问题，则概乎同一。所以我说，小人物亦可以对世界指点一二，只要他深谙其理，只要他能从各种情境中提炼出属于人生的本质性问题，那么他是可以做到小中窥大的。此近于佛家所说的，"一沙一世界""一花一天堂"之佛理。

言归正传，继续我们前面的话题。我也曾在聆听与不聆听、接受规劝与坚持自我这条歧路上踟蹰良久。直到有一天，存在我心中良久的疑问——在这世间，人活着究竟是为了什么？每一个人活着的意义是什么？以及人类绵延相续，最终的目的到底是什么？亦即终极意义的问题——扼住我咽喉似的，使我再也无心无力于任何其他的事情。我决计要抛开一切，对亲人朋友的劝说与阻挠不管不顾，坚定地走上我认定的、要解决我自身疑问的这条路。我翻阅了大量书刊，发现了各式各样的人总是乐于对他人提一些善意的意见，却都不能正面地回答"人生意义"这个问题。我从各类专家、名家，抑或过往圣贤口里都没有得到这个问题的答案。那么问题产生了，既然终极意义谁都不知晓，从无定论，那又何来好与坏、对与错呢？标准从何而来呢？也即，世界之初其实是源自一个假设，一个虚构的美好，一个潜存于众人内心深处的憧憬中的或可存在的幸福，才令无数人一路奔波至今，而非已有确定的意义与目的在前方。不必再假谁之口，再装扮谁人之圣名，再堆砌何种之冠冕堂皇的理由，试图对他人进行劝导、训诫。历史的风烟给了人足够的经历、足够的智慧、足够的时间，叫人们看清这一切。所以请不要将你的意志强加给我，将你的世界观强塞给我，你有你的观点、你的选择，请允许我也可以追寻我想要的，可以吗？

我追寻的是什么？我追寻的是事实真相，是存在的实相，是可以被证明的真理，是能够经得起所有人质疑、推敲、论辩后的结论。一边是重利的、机关算尽的现实社会，一边是高洁的、义正辞严的道德之歌；一边是不确定的人生之路的自由打拼，一边是无所不在的、牵绊人心的社会规约与习俗；一边是制度、约定、约束，一边是自我、自主、自由；一边是物质引诱，一边是精神折磨。人在如此两难的处境里，在处处是矛盾的束缚里，既愿望守约，又渴盼放纵，战战兢兢，无所适从，被不明了的人世、不明了的世人所纠结缠磨，对内自我厌倦，对外厌恶尘世，看不穿，苟且而拘谨地生存。

所有人都被告知不可以怎样，但没有一个人说得明白，我们到底要怎样，我们生存是为了什么，为什么要一代代无休止地传下去？是谁基于什么缘由给我们制定下如此之多的繁文缛节？到底隐含着怎样的深意？他了解我们人世的穷通吗？他知道我们入世之最初因由与去世之终究去向吗？如若不知道，那为何我们还要信服他、听从他呢？如若知道，那为什么他不将一切事情的来龙去脉清晰地布告我们世人呢？究竟我们是从无中之中来，最终也会回到无中之中去呢？还是别的？天地万物的落成，是偶然的机缘、各自凌乱的铺陈、随机的生灭，还是有意的安排？是统一于某个强大意志之下的作品，是来有来处、去亦有归处的宿命的安排？抑或是别的？到底有没有那个造物主呢？

有没有上帝？谁也无法直观地证明。世界一切的判断，从来都来源于一个模糊的标准，更源自一个无形的假设，因为谁也不能洞穿整个事实真相。所以一切的一切都在一种谁也不肯戳破的假定中兀自进行着。问题一直以来没有被回答，众生一直以来被蒙蔽着，在被无尽的拖延中开展不明的人生，直到今天，我们方得醒悟，我们需要一个答复，一个清晰明了的答复。

不得已，我们还需要再次假设——既然我们无法直观地获得答案，我们不明了所有的这一切，但又必须生活——小心地，从另一个我们自认为或许能够终有所获的维度重新开启我们的生活，从头再来。人生需要这样一直不停地追查下去，哪怕万千努力之后换来的是失败，也总要比绝望地坐以待毙要强许多。只不过，这一次我们要转个弯，不再向外，不再对身外的一切进行求索，也不再相信所谓圣人或英雄救世论，自愿把我们自己整体打包视作一群等待被救赎的芸芸众生，而是相信自己，朝向自己的思想。

既然对世界的认知、判断及偏见皆源自我们的思想，既然世界即是同一个世界，却在不同的人眼中显现出不同的形象，既然思想从来都是行动的主宰，那么，也许操控我们个人命运的远不是什么囫囵笼统、雌雄难辨的性格论，而是潜存于我们意识深处的的思想。对，是思想，关于我们存在的思想。虽然现在我们观念不一，虽然起初我们参差不齐，虽然在过程中我们持续有别，但，我想，如若果真存有这么一位造物主，那么早晚有一天，我们所有人的思想必会同质地照亮一处，达到一处，终结于一处。这也是我们的某些前辈之所以废止古老传统的阶级等级，而提倡人人平等的原因。它有一个深隐的前提，那即是我们都源自同一个造物主，我们本质相同，出自同一位神之手，也必将会到达同一处，所以我们都应享有同等的人权。

这才是真正的公平。否则，如若一切都是随机的、漫无目的的，那么我们又何须听从于他人呢？又何须要受制于这人世间的秩序与规则？又何须有追求，甚至还要活着，有意义吗？人是追寻意义的生物，人天性如此，人不满足于毫无目的的游荡或者浪荡，一切都该有其意义。所以我们再次假定造物主是存在的，只要在我们推定的过程中，包括结论在内，所有的要素之间只要没有出现相互抵牾、相互矛盾的情况，那么就说明我们的命题是正确的，结论是可靠的。

至于其他的很多疑点，比如为什么起初我们会各自不同？思想、智慧等先后有别？有人生而聪灵，有人普普通通，有人则榆木脑袋不开窍。还有其他方面，比如物质方面我们也各自不同，这又是为什么？如若真有造物主，他为什么要偏袒一部分人，而要亏待另一部分人，等等。这些问题，我想我们也应该能够在推论的过程中，找到造物主之所以如此安排的最合理的缘由。

只是思想无形无象，怎么研究呢？从何处起始又要归于何处呢？仿佛要研究一个物体的性能，如果只把目光停留在物体本身上，那么人将会一无所得。我那决意要通过思想到达未知领域的努力，一时间淤滞住了，不得要领，无法前行。

我还在原地，还在由众人由来已久的思维模式所堆砌而成的那个世界当中，那片土地上，那个氛围里……

从过去到现在，无一人不在思虑着世界愈变愈美好，愈变愈和谐，无一人不强烈地憧憬着生活愈变愈幸福，可这个世界却依然如此，难道我们只能这样？

灰蒙的天空阴暗而低沉，它不语，它沉默。十几只鸽子冲向空中，莫名地盘旋过数圈后又莫名地消失，好像那些无名的人类，冲动地存活过又无由地消失了一般。

　　难道我们的所有行动真如那些鸽子般毫无意义？难道世界如此只因它偶然如此，我们所有的猜测诠释都不过是一厢情愿？难道思想果真只是一缕轻烟、一丝不安的焦虑，加诸泥塑般的肉体之上并随同肉体的消弭而消弭？是这样吗？世间本无事，庸人自扰之？并无那么多，并无好坏，并无善恶，并无规矩，并无阶层，并无公平不公平，甚至并无秩序，并无一切的一切，是吗？

　　我不相信。既然我们总是要求事物各就各位，既然我们天性注定总要在不明的混沌之中整理出清晰的思绪，既然我们也总能就大部分的事情做出明白的解释，我们又怎么能轻易地放手不管，尽让所有的努力全部付之一炬呢？

　　对了，思想是什么呢？我们的思想又是源自何处呢？对了，思想是关于存在及全部生活的观念，它是个人处理生活事务之时的所闻、所思、所想、所感、所悟集结而成的一种对待生存的理念。所以我们要研究一个人的思想，就务必要切入到一个人的实际生活当中去。在思想的对应物——生活身上，逐步见证人思想的全部纹理——思想的来源，欲念的产生，执念及终极去向。因为事物从不自我映见自我，它无法反映自我，所以它需要借助于它者，通过它者来表达自我，这是任何关系的双方最初的由来，是我们之所以互存的最本真、最原始的因由。没有他者，我们照不见自我。借助于一个个你，我看清了全部的我。是吗？上天最初造我们的时候，也是基于一个这样的因由吗？通过塑造了全部的我们，他借以了解了他自己，是吗？

介入到一个人的生活当中去，谁的生活都可以，如果上天果真存在的话。任何性格的人——自私、大度、傲慢、懦弱等，任何类型的生活——穷与富、贱与贵、知识的多寡等，都可以。因为每一种人生，每一种生活经历，其所展现的情境、所揭示的问题都大同小异，并且最终都殊途同归指向一处、通向一处，那既是关乎个人生命意义的问题，也是关乎众人世界为何如此的意义的问题。如果一生未能找到答案，两世还嫌不够，只要生命可以无限次地延展的话，也即如果存在轮回的话，我相信每个人最终都会穿越全部的迷障，都是会到达真理的天空。每个人最终都会深悟到同一意境，到达同一境界——这是最能体现造物主存在的地方。一切都有理有据，没有偶然，不是凌乱。

只是生命怎么能够无限次地延展呢？这一条件又须怎样达成呢？

确实，生命无法万古长青，物质的生命自有它存在的期限，也许这也是造物主有意的安排？为了有一天能让所有人都到达意义指向处，所以造物主在我们物质的生命内部存贮了一个永远也不会消亡的永存的灵魂，是吗？只是他为什么要如此做呢？为什么他不直接延长我们生命的期限呢？这岂不更简单吗？

确实太多太多的谜团等待我们去揭晓，但我们却不能无谓地将生命滞耗于因未知而产生的众多疑问当中，便不再求索，而无法前行。我们不该这样，不可以这样。我们需要披荆斩棘，我们需要在乱麻当中劈开一条可能的小径，去追寻那存在的真理，那终极的答案。所以我们还需要回来，一个问题一个问题地解决，直到全部的问题都能找到属于它自己的答案。

回来，介入到一个人的生活当中去，在他或她由生活而提取到的思想里，我们试图找到那条通往真理的大道。生活最能体现一个人的思想，在他对待万事万物的反应里，我们捕捉到了他对于生活的全部解释，无心的或有意的。可是，我们要的不仅仅是拘泥于生活的解释，我们要的是追求终极真理的一条普遍的大道，谁又能呢？谁又曾到达过那真理的边界呢？谁可以呢？虽然我们假设，假如生命可以无限延展的话，我们终究有一天都会到达，可是现实中谁又在他的生活中已经窥见真理的光辉了？怎么确定是不是呢？

也许我们应以所有的众生为参照，找出普遍的情境，然后一路寻去，或许会有所得。可是那样的话，不仅会产生诸多的现实困难，而且也不见得每个人都能将自己的思想和生活理得那么清晰，也不见得每个人都愿意把自己的一切说与他人听。

关键是普遍的情境，这是问题的中心。还是先以我为例吧，以我的人生为主体阐述说明不也可以吗？

没错，我记得你们的所说，我没忘了我是谁，我是个小人物、下层人物。我不会不记得。

第四章　透视生活

我是小人物、下层人物。没错。我记得。

只是，个体对于世界，个人对于众人，独处于泱泱大国里，浪迹于芸芸众生里，又有谁人不弱小，谁人不渺小呢？更兼时常，有很多种声音、很多种气力从四面八方会聚而来，一齐力压于一个人的头上，将他既拘禁又撕扯，既挤压又放空。于无声中将一个人玩转涮洗重整，令他不自觉地、毫无预料地为众人所臣服、所降服，自觉自愿地泯默于众人当中，不再看重自己，直至彼此牵制，彼此苟且，甚至彼此隐灭。又有谁人还敢说自己从来就是一个大人物，在人世的交往中悠游自在，从未受过任何他人的牵制，从来我行我素唯我独尊，有吗？

所以请不要轻蔑地硬给他人扣一顶帽子，以此来彰显你的尊贵或崇高，其实我们原本都一样，都是小人物——庞然大物的世界里弱小的一员——只不过，在生命长河的某个时间点上，一些人稍有侥幸地在某些方面比别人走得远了一些，做得好了一些，仅此而已。

所以还是那句话，如果这个世界上存有终极意义，那么一切有利于朝向终极目标奋进的划分标准才有意义，否则，一切都是虚妄——行为的虚妄，思想的虚妄——因为根本不必要有这样或那样的说辞，不必要有分类，不必要有争论。怎么做都可以，怎么说都无所谓。不存在是非对错，不存在立场与标准。有等同于无，没有秩序，一切虚与委蛇，霎时灰飞烟灭。

同样，如果存在终极意义，那么所有人最终势必都会到达意义指向处的同一境界，尽管时间点可能不同。因为唯有通过此一点，意义本身才会被全体人类经验所证明。

因此我们之间互存的形式，要么就是在"存在是有意义"的前提下，终归有一天我们彼此殊途同归。在此种情况下，之前的任何过分注重于彼此生活状态优劣的言论都会显得过于鲁莽武断，因为谁也不知道，谁也无法断定，到底哪种生活状态下的意识是最可能优先抵达真理的边境。要么就是生存本无意义，存在本就是个人的事情，与他人无关，无须受制于任何规约，无须在意彼此的差异，当然也就更不必在意任何他者的目光或是说辞。

人，只有彻悟生存的本质，才能穿越众多世俗的矫情，才能意识到生命的包装到底有多厚重，才能分得清在这人世间被人视作至关重要的东西中，到底哪些是真、哪些是假，哪些是必要的、哪些是无谓的，哪些是存在的表象，哪些是该追求的真理。如此，人才能不被任何言论所轻易地慑服，为其所蛊惑，毫无防备地迷失心智，以至于恍惚错乱，不辨所以，人云亦云。

也许你会说，这只是我个人的观点，非常主观，只可权作自娱自乐，而非来自于一个第三者的角度，对整个客观世界的绝对客观的描述，所以也就不会为普通大众所普遍接受。但是我要说的是，任何观点，不管是公理或定理，不管是圣人提出或是平民以为，首先是由一个人提出的，出于个人的视角对整个世界或宇宙苍穹的主观认识，不可能也不存在绝对的客观。不同的是，一些人通过学习、思考了解到这个世界的事实要比别人多一些，比如他可能较早地发现了存在于自然世界里的种种规律，而他的这种发现后来确为很多人共同证实，于是主观的认识化作了客观的确在，个体的意识衍变为普遍的真理。

其实，我们每个人都是自我认识周遭大千世界的一个窗口，虽然起初每个窗口之间要么是远远地相离，要么是部分地相交，要么是被拥有较高意识者完全地覆盖，或说是包纳观览其他一些人的意识——其中一些较高意识者则会成为引领世界前行的领袖人物，就像数世纪以来，我们在无数伟人的引领下，思想意识不断向前发展。由过去数种形式的人权方面的不平等，转变为现行的自由平等。由因权力而产生的仰视演变为角色之间的相互正视等等——但通过不断的学习与思考，所有的这些窗口都会不断地延展自己的视野，提高自己的意识，因为宇宙只有一个，事实真相只会存在于一处。因此，若干年后，我相信，每个人都定会战胜自己的偏见，在认识大千世界的路上不断前进——当然我指的是对物象之间相互共存的逻辑的认识——直至原本局限的一角向四方无限蔓延开来，终而俯瞰整个宇宙苍穹，就像此时的你可以随时定睛观察自己的鞋子一样。极小而极大，有限通至无限。

弱小的是会长大的，由人为的偏见筑建起来的有关社会地位的无形阶梯，是束缚不住一个较高的意识对事实真相的判断的，这即是，今天我所要言传的一个观点，这不是反叛，不是挑战，不是针对所有人的围攻而有意识地为保护自我而打造的城墙。因为没有人围攻过我，也不存在什么硬性的规定，这只是一个愈渐成熟的灵魂，对笼罩于身边的集体无意识偏见思想的冲破，是自我对周遭人文环境的摆脱，是成熟的自我对不成熟时的自我的反观与剖解。这是今天的我。

但在昨天，或更遥远的前天，我并不如此有信念、有见地。没有人生来就是强大的，生来就能够洞彻全部的真实。我们都是由渺小逐渐成熟壮大，都是从世界的一角，从整个大环境中的某一个小环境来开启我们的人生。

人曾经一度幼小过，所以才会长大。过去无知地自以为是过，所以才会成熟。每段人生都有其不可替代的意义，都在为将来的绽放与光辉做着大量的准备。生命是一段前后相续的光滑的曲线，我们都由前天走到昨天然后到达今天。

因此，从前天到昨天一直到今天，我要穿越时空深刻剖解自己，人只有完全地明了自己是怎么一回事、活着是怎么一回事，才有可能借助这个窗口明白无误地搞清楚世界到底是怎么一回事。每个人都是这个大千世界的一面镜子，但是要想毫无障蔽地将这世界一览无余地全部显现，首先就得确保这面镜子本身能够做到自我澄澈明净，有足够的亮度，足以照彻全部的光景——无论阴影或是瑕疵。然后才能由微而宏，由一处及另一处，直至全部。说白了，世界就是无数的个体借助大千世界来表达自己、不断地实践自己思想意志的一个公共的场所。只不过有的人自愿臣服于集体意识，因为他的迷惑一直思不得解，与其自虐而无果，他选择了轻松地接受。或者他认为别人都如此，别人都比他更有经验。所以面对整个世界时，他更愿意忽略自己的思考，选择简单地顺从。只有极少数的人，成了这世界的优秀人物，他们是佼佼者，是因为他们更能坦诚地直面一切问题与困扰。在追求更完美地解决一切的道路上，他们不断地追根究底，在任何时候都不气馁，决不放弃作为自我在这存在的间隙、向事实真相迈进的过程中所做出的努力。

于我而言，当我意识到自己存在这个世界上时，我发现我身处一个满是新奇的世界当中。我身边有父母，有姊妹，还有整个世界向我敞开着。那时我三岁，对一切都充满了无尽的兴趣，对一切有趣的事情都表现出了极大的冲动。我虽然也被要求遵守某些规矩，但大多时候，我的世界是完全自由的，因为父母总是有干不完的活儿，他们能与我的世界发生交集的时刻并不多，除了在吃饭与睡觉的时候，他们会找我或者我也会主动地依靠他们。我的世界就是在这种状况下开展的——徜徉于环境中而不自知，对周围的人事漠不关心，世界在我眼里无非是用来玩耍及探求乐趣的场地。那时，一切的观念都是混沌地绞合在一起的，因为没有人教，都完全是本性的自然流露。我既可能前一刻对一只死去的麻雀感到难过，又可能在转脸之后对正在用弹弓打麻雀的哥哥产生莫大的兴趣。我会追随他们，会不停地要求他们也给我一只，在他们烧烤麻雀之后，看着他们享用之时，我也有一份，而不必在一旁傻站着，只有艳羡的份儿。天使与魔鬼并存，善与恶同处。或者也不是什么天使与魔鬼，不是什么善与恶，不是有意识的作为，而是人性当中最本真的善良特性的流露，与天生的、维护自我利益的本能的发挥，是伴随每个生命与生俱来的情感能力的自发作为。总之，这两种感情在我身体里和谐地并存着，并不冲突，至于何时会展现哪一种，则要参考我当时的处境。

日常生活庸碌又琐屑，除了身体随着日子的斗转星移而有所变化外，内在意识却不见得有任何进展。好似这是生命的常态，无论幼年或是成年之后。人从一开始无来由地浸没于这尘世间起，从最初的惊奇于它的丰富多彩，到后来身不由己、不为所控地存在于它的迂阔之中，从来都是在与外部世界打交道，踏着它的节奏，跟随它一起摇摆震颤。好像一切的思想及观念也都是被给予的——流行的价值观，通行的思维模式——大多数人也都习惯于在某个彼此都注重的领域展开竞赛游戏，以便决出胜负，分出雌雄，好在清一色的同质的人群里万分荣耀地彰显出自我，从而最终获得属于自我的殊荣，这即是依附于外在世界的人的全部价值所在。至于人的内在意识，则好像并不被人自己所注重。也许是因为一切的规则、一切的评判、一切的标准及一切的荣耀全都来自外界，依照现成的通行的法则行事是一件再安全不过、简单不过的做法，更何况，人从出生之日起，所有的思想价值观念亦是全部得自于外部环境的填充。也许是因为很多事情根本就不是任何人想考虑就能考虑明白的，与其大费周折地思虑一番最终依旧不明不白，不如从一开始就依着本性悠游自在。也许更为关键的原因是，从前至今，人都是在无意识状态下生活的，很多问题，很多事情，从来都是以一种想当然的方式进行的，从来没有加以考虑的必要，犹如从前幼儿时期对成人世界的模仿，于是意识作为对人的回馈，也如同人自己的付出那样，简单、粗犷，隐隐约约、朦朦胧胧。

是的，有，不得不有，孤立的个体迫于自我的需要，在同一的社会里，在需要竞争的环境里，在人人高喊着他人道德却总是不能及于自身的私人欲念里，在不被管控不被制约的人我自由交往里，在矛盾迭出、分歧乱离、闹闹哄哄的各种是是非非里，人不得不向自我澄明一种生活理念、一种存在导向、一种唯需借此才能判明如何行动的依据。哪怕有时这理念、这导向、这依据只是一个简单的、凡事都须向他人借鉴的信条，或是玩世不恭、不问所以、自甘堕落的心态，或是根本从来就没能够弄明白的颠预状态，等等，都无所谓。因为不管其外在表现如何，它们都是自我基于个体对世界的理解而主动做出的有意识的反应，哪怕这一反应自我都不十分明确，但这就是自我，就是自我的内在，是最本质于自我的东西，是自我的心魂，甚至可以说这些就是这个人。

但大多数人都选择对它视而不见。他们避免谈论它，这当然合情合理，仅关涉自我的事情当然无须向他人交代、倾吐。只是，人就像习惯了跟随感官只对外界做出反应那样，也全身心地投入到外面的世界中去，他们忽略了自我，久之几乎忘记了自我，所以每当身体暂时告别外界的喧嚣而进入自我宁静的休歇时，心灵也随即入眠了。不过这无妨，自我并不会因此而消亡，你可以无视它，可以忽略它，可以不管它，可以忘记它，但是它不会消失，它与你如影随形，只要你还在思考，还在辨析生活中的五味杂陈，它就不会弃你而去。

　　只不过很多人没有给它该享有的名分与地位，他们随意把它丢弃一处，不予理会，见于生活的诸般要求，他们不是与它理性沟通、共商良策，而是不顾它的感受对它百般打压。于是，渐渐的，它被迫降格为身心的一个累赘或是怪胎，被窝藏于心灵的深处，难见天日。一天一天，一年一年，任由几无自我内核的身体继续独自打拼于尘世间，继续承受来自各方的不同声音的调教与控制，于是人更加疲惫，更加困惑，更加苦恼，进而更加怨气十足。它依旧被冷落，无人问津，不过此时已不是人有意要如此做，要压制它，而是横亘于彼此之间那渐被扩大的空间里，早已充斥进了厚重的疏离冷漠的气息，他们早已难以沟通，更难谈相认。同时由于长年累月地被挤压与被拘禁，被践踏与被无视，它变得极为暴动又戾气贯注，很像一头经久被关在阴暗无边的牢笼里的困兽。可是生活不管任何人，依旧兀自运转，它依旧要求你对它建立的秩序、权威要绝对服从，而你的头脑，你的理解力，从出生以来就一直仰赖生活供给你养分而形成的理智，也习惯性地要求你顺从它。于是慢慢的，那些原本撕裂你的各种问题，那些让你情绪不佳的各类事件，那些在你看来虚情假意、似是而非、里外不一的各色人物，让你更加迷惑，也更加痛苦。强大的生活依旧不依不饶地继续逼近，不知如何是好的你，不能做出解释的你，只好继续退却、躲避、内缩。然后某一天，借着某一件小事，也许只是很寻常的一个玩笑话，或是小小的不如意，你的久被煎制早已滚烫着如数浓烟的内在，就此便被点着了，它要爆发，刻不容缓，被外在世界长久以来包围和圈制的内在世界，已经被逼到了存在的悬崖边，再也无处躲闪了，一场正面的较量势不可挡，战争迫在眉睫。于是在人们看不见的心灵内部战场上，孱弱的内在哆哆嗦嗦地扶正自己还一息尚存的身板，集结最后一丝气力，迎头撞向了那一直以来钳制、强压着它并令它无所适从的看不见的庞然大物……

然后它泯灭了，再也不见了……

当然，那个人还在，身体还是那个身体，只是他好像变了，眼神呆滞了，嘴里胡言乱语，或者他疯狂了，四处冲撞，像极了各类寓言里描写的那些人间的恶魔。

他不知道，也许永远都不再有可能知道，那自始至终挟制他、令他寸步难行的看不见的庞然大物，其实只是一抹阴影，是现实世界的光景掠过他的身心时，因被冥昧不清的自我所阻挡而形成的一抹阴影，是碍于自我的原因形成的（我们每个人都是这样）。那其实不是世界的全部真实……远非真实……但他已经再也没有机会弄清那真实了……

我想那些精神病患者，那些在外人看来性情突变、举枪要报复全社会的极端分子，程度或轻或重地都是因此而来。他们的自我从来没有长大，从来都是在一种想当然的无形理念下过活，倘若不是生活有一天将他们置于另一种处境，倘若不是处境中出现的新问题彻底颠覆及超越他们原有的理解能力，他们定然也不会痛苦到惊厥以致疯狂，想必他们也是可以安稳地度过一生的……

只不过生活不能被假设，没有假设的空间，不存在另一种结果。生活于我们就像大海于鱼虾那样，我们无能为力去改变它，我们只能不断地调适自己，令自己去适应它。所以清晰地认知那个隐遁于每个人身上的无形的、但又确在的自我将是十分有必要的。

我们有必要让它成长，有必要理性地认知它，在生活的各项要素里，我们有必要同它一起学习思考及应对，以保证我们的内在与外在的平衡，还有和谐。

如何才能让它成长呢？通过怎样的方式去认知它呢？通过学习知识？感觉？抑或是别的？很少有人说得清……它是一片每个人都涉足其中却难得有几人能辨别出出路的荒漠之地……拓荒总是艰难的，将它放下却并不见得会立马招来什么不妥。所以当生活以其唯我独尊、当仁不让的强势姿态闯入人们的脑海时，它便毫无疑问地被率先给移除了，或者是原封不动地给滞留了。既然此种问题许久都不被解决，也并不见得就会怎么样，那么再延迟再拖延一下又有何不可呢？毕竟生活是第一要义。

再说，多一个人与少一个人从来都不是什么大问题，不足以影响世界。悲剧只是个别的，是暂时的，决不会那么快地引火到每一个人的头上。

于是生活以其压倒性的绝对优势将所有并非十万火急的议题全部排除在外……

当人们看见某一个熟悉的人变了，精神不正常了，顶多只是路过时的一声叹息。当然，如果一出出悲剧经由他生成，除了法律的制裁之外，人们定会对他横加指责，口沫翻飞，直至新闻化作了旧闻，令人发指的罪行被丢进了日常生活的渊薮，泛泛成一个个小气泡，随风飘逝。

世界也在稍做停留后自顾自地恢复了原有的常态，原有的论调，好似什么都没发生过，什么都没变，有好人和坏人，有善人和恶人，有高尚之人和卑劣之人，有君子和小人。好像一切都是天生的，冥冥中早已安排好的。还有那些信念——善有善报，恶有恶报，不是不报，时候未到……对于偶有的超出一般规律之外的事情，则一律概以"命矣"慨叹之。至于"命"是什么则只能意会，不可言传……

当然，除了面上流行的这一套哲学之外，更具实用性的个人哲学更是大行其道。那其中的微妙学问，你知我知天知地知，但不会有人将其公开，我想一般人只会不自觉地向他人展示其光鲜的一面，而将其余部分掩藏那样，是自然而然的结果。那是默不作声存在着的人间的公开秘密。

好了，现在一切都明朗了，世人既然无暇进行深层次的自我剖解，并探究这延续几千年的生存相续其背后到底有何重大意义，活着究竟是怎么一回事，每个自我又是在追寻着什么，以便适时地找出一种更适合于人类生存的生活模式，那么就不得不在原有的略显压抑的环境里继续打拼，继续忍受生活无处不在的桎梏。对，就是桎梏，无形地捆缚人类千年的网绳，是思想的网绳。它不是别的，正是人类借以指导生存与生活的两大哲学：一个光明开放，一个隐晦私密。一个是尘世加在人身上的，代表秩序、美德、荣耀、功勋等，这是做人的一系列基本准则；一个是人的内在特质，基于彼此之间既是伙伴关系又是竞争关系的人群同类而言，不自觉地令每个人都有所保留的某些私人想法。此两者内容交互完备又彼此扦格，造成人在日常生活中多方面的行动与思想上的诸多纠结。到底该依据、该听从哪一方？这个问题从来就没有被讲清过，再加上来自社会生活中各种关系的掣肘与参与，一起塑造了几千年来明而不明、暗又不暗的、混沌不清的闷人的生存空间。压抑是普遍的，但又无法避免，一切好似都被需要，一切又都不被完全接纳。在生命发展之路上，每个人都不那么肯定地走走停停，边观望情势，边惧怕得失，边应付外部竞争，边内在想法几多分歧与不和，犹疑惶恐，难能安定。

可是又有什么办法呢？桎梏不会自行消失，于是唯有这过活。一代代的人来了，一代代的人走了，都有各自的幸福与不幸，都有各自的欢乐与悲伤。既然别人都是这么走过来，我们就应该能够如此走过去。人类的心理从来就是如此含混不清，人人从来都是在模糊的揣测中、在不明的自以为是中、在欲辩已忘言的沉默中摸索着一步步向前。

所以有很多曲折幽隐的苦楚也如同那不可多得的幸福，很多失魂落魄的悲催也如同那并非一蹴而就的功业，很多悲惨坎坷的磨砺也如同那非一日之功而得享的声望等，都以一种大体笼统的模糊印象一代一代地流传下来、沉淀下来，然后在人的脑海里以一种简约地去芜存精、去过程留结果的粗糙的方式，将所有深刻影响过人们思维与行为的重要名称、重要概念一一定格下来：成功与失败、幸福与不幸、伟大与平庸、忠诚与背叛、英勇与懦弱等，将原本饱满的由无数生活、无数履历、无数经验、无数情感汇聚而成的一个个人生，简单地处理成某一类特色的标签，呈现在人最初的认识世界的意识思维里——一个叛徒，一个圣人，名人，小偷，天才，恶棍，英雄，坏人……好像世界天然地就是以此种种非此即彼的对立方式存在的，好人与坏人，圣贤与凡人，善与恶，正与邪……

于是世界还是那个世界，花开花落、四季轮回、人事更迭，一如从前，从未有变。不同的是，一代一代的人看待世界的眼光变化了，就像各个时代都有各个时代不同的愿景与诉求。同时世人不仅会在前代的基础上有所增删补修，也会在同时代的众多他者之间彼此借鉴学习，务求更完善地创设自己。技术交流，文化交汇，贸易相通，时代发展到今天，千山万水的空间距离早已不成问题，世界俨然一个地球村，我们无时无刻不在彼此的相互注视下共同发展。于是问题来了，技术能够轻松复制，也容易迎头赶超，贸易同样，但文化不同。文化是无形的，看不见摸不着，它受制于传统观念，受制于时代变迁过程中人群总体的思想倾向；它好比是一条所有人都浸没其中的思想的汪洋之海，穿越古今，拖拽着曾经发生又已经消失得无影无踪的历史事件，带给人各种思考，自然而然地存在于每一个当下。它无法被完全复制，除非能够重新来过一遍它所有的经历。

当然不同的文化之间彼此会互相影响，但要一时间连根拔除、重新换血、完全取代这一点是绝对做不到的，总会有那么一些传统的思想的印痕残存于我们的心底。时代发展至此，处在地域隔阂渐被消除的互联网时代，经济贸易技术设施都已深化沟通，世界表面确是繁荣了，但它的内里却正以某种飞快的速度神不知鬼不觉地急遽变动着，似是要酝酿一场未曾有过的全球范围的动荡。因为经济的背后是对利益的角逐，世界物质文化的深化沟通除了助长重视实利的思想更加普遍之外，根本无法将原本与实利思想一同捆束的有关道与德的文化交相融汇。况且各国间的文化各自独立、自成一体，又有深厚的历史背景做支柱，要做到像物质交流那样的融洽谈何容易。但现状已经没办法逆转了，贸易的交流连带着文化的枝节，以其新鲜的面孔在各个他国之间早已点燃了骚动的起因，人们在不断追捧对各自来说时新的文化思潮的同时，不自觉地削减了对原有文化的信赖与依赖。于是旧的文化的权威一步步被动摇了，新的文化还一知半解，各种眼花缭乱的文化冲击，令人们对任何说教、任何权威、任何说辞都将信将疑，甚至慢慢地好似什么都不敢完全相信了，只好一再地抓紧，这根实实在在的绝对不会糊弄人的稻草，并将它坚实地贯彻下去。于是在物质堪称绝对丰硕的物质文明时代里，迎来了自己不曾料想到的精神层面的荒漠……

经济利益，经济利益，还是经济利益，除此之外一无所有。人世间到处游荡的是些冷漠无情的冷血动物。不敢想象如果再进一步的话，人类社会将会是怎么样的场景？

这时必会有人开始反思。当人人眼里仅剩利益而毫无畏惧。当人人为了利益而不择手段，而互相伤害，而不再有所顾忌。当代表着人的文化消失，人世间徒留动物生存的本能时，也即，当人间的秩序全部崩坏，人间几乎已成为另一个动物界之时，我们必会反思……

是重返过去，延续过去的文明礼制，还是继续如此向前？或是有其他的调和的办法？到底该如何做？古老的思想文化星星点点地还在我们心底萦绕，惧怕得失的心态忽又武装起我们，教我们无视所有，只顾向前。一边是生存竞争，一边是道德底线，一边是实利主义的幡旗频频向我们招手，一边是外来文化在不断地搅扰着我们。到底该怎么做才能让我们既立于不败之地又能不失却做人的原则？

……

我们迷茫，我们等待，我们期盼一种更大的文化来整合全部的文明，同时我们又不敢稍做停留，每个人都是如此疲惫又如此压抑地被绞噬着。

……

要求纯粹的人最先受不了了，发出痛苦的哀号，无法辨明的眼睛与不愿苟同的心灵将人拽进疯狂和绝望的泥潭。执着于一方立场的人悲催了，太偏执的作风无疑会令自己多处碰壁，也会留下无数给自己惹来非议的借口。还好，大多数人都能够调整好自己。他们是保证这世间秩序稳定的中流砥柱，处在如此模棱两可、难以协调的世相里，他们极少言语，他们保持沉默，他们摸索出了一套极佳的处世哲学，可以令他们在任何时代、任何地方都悠游自在、收放自如。他们不事声张，他们知道在什么地方说什么话办什么事情，尺度拿捏得刚刚好，从不错乱。同时他们把话题引向远方，尽量不触及自己，他们讲远方的好人与坏人，讲远方的善良、正义与邪恶……

他们是世世代代最稳当的一个群体，每一个时代都有这样一群人，是他们保证了这世间秩序的稳定。同时他们又混淆了人们的视听，有意无意地把胶着的纷纭物象一分为二，把是与非、善与恶完全对立起来，并把这样的信息永久地流传下来。他们为这世间提供了"一切貌似都有理有据"的最初模板，定下了这世间大致范式的框架。他们让许多人看到了虚伪与狡诈的心理，让许多人感到备受欺骗的恶劣情绪，从而义无反顾地走上了反叛大众的道路……而所有这些，集结全部影响与作为的统一体，究竟该怎么对他们进行评判呢？

流传于人群中的各种声音向来如此，由来已久，不会再有人无缘无故地对它们进行追根刨底细思考究了，一代又一代陈陈相因，随手拿来为我所用。逝去的时间、历史的风烟又为这些论调着上了一层纱透的帷幕，虽是无心有偶，却是实实在在地装点了它们，抬高了它们。有了这层粉饰，它们似乎变得更加有据可考、真实可靠。

"他们是坏人，离他们远点！""警察是好人，他们是专门抓坏人的。"我的世界也因此古老的论调再上一个台阶。缘于这两个词，缘于反复多次地被告知，混沌不明的思想区域渐被浸染、熏陶至终于接受，人在心灵深处自然而然地将目光朝向他视而不见的大千世界，就这样毫无察觉地、一点点游离出原本无知的幼儿时期，自觉自愿地加入到现行的世界中。

没有人喜欢被边缘化，儿童也不例外，当他渐次懂得自己与周围的世界是有所关联的时候，他更是如此。他会模仿，会聆听，会积极地从各方吸收各种信息。大部分时刻他们虽然只是东一撮西一堆，捡了芝麻丢了西瓜般随性地接收一些散见的认知，但就是这些散见的认知，这些看起来也许是老生常谈、无关紧要的大众化的常识，它们以某种空气对人体的必要性那样重要，以其最得天独厚的便利条件为思想的机器提供了最初的原料，从而最先按动了人类思想领域的开关。由此，思想这架机器开动了，人与世界的联系打通了，真正的人生开始了。

人生起始了，起始于自我初次有意识地与这世界建立联系，只不过这最初的意识，不是来自自我内在突然迸发的一场无中生有的思想放电过程，而是来自外部世界，源于外部世界无时无处不在的通行的观念与言行的长期暗示及同化作用。人被教化，于无声中成为这流行的观念的持有者之一。这便是我们人生起始的地方，思想不是从一条真知灼见的河流开始的，而是直接传承自历史、流俗及当下的环境，里面也许不乏有许多真理，但也绝对存在各种断章取义的片段认识、各种偏见及各种误读。我们思想的源头就是如此不清不楚、不明不白，我们却执意要在今后用这种由模棱两可的观念而筑建起来的一系列并非绝对正确的理念，去评判、考量、约束自己与他人，又怎会不痛苦呢？又怎会绝对公正正确呢？

也许这正是我们人生之苦的根源，建立于不明了的根基上，却硬要以此去追寻那份明了。

我在人生之初，从周围的环境中获得的最多的常识，它们后来一度绑架过我、束缚过我、令我难以自解。常识无外乎两项：一是对人与事的判别，仅有好坏这一种标准；二是世界是清一色的秩序井然，好就是绝对的好，坏就是绝对的坏。这些无形的常识伴我长大，深入骨髓，在很长的一段时间里成为我看待世界及为人处世的标准，直至我用这些标准去冲撞另一些标准后我被撞得头破血流不知所措时，我才意识到自己的谬误，我才开始真正地去反思我和我的那些常识。好在它们——那些常识——都是被给予的，是外在的物件挂附于身心，一旦意识到它们的诸多问题后，人是会重新选择的，这便是成长，是它带给人的成长之机。坏在它们跟了你太长的时间，你在认识世界之前优先认识了它们，然后由它们领你进入这个世界，你已习惯认同它们，与它们两小无猜，你宁肯怀疑指责全世界，也绝不会想到自己的"它们"有错。所以当世界以异于你所能理解的面孔强制你对他服从时，你的反应必然是指责这个世界有问题而不是你有问题。你会据理力争，你会抗辩，你希望世界按照你的"它们"重整。你越是刚烈，你将摔得越惨，你会感到痛，是它们带给你的痛。或是与之生死相依、不离不弃，为世界所碾压之痛，或是忍受与一直习于相依相偎的它们的分离之痛。

这是它们带给你的幸与不幸，没有它们，你进入不了这个世界，你就无法成长。而有了它们你又为其所障蔽，所牵制，你会痛，会难过，会疯狂。这又是矛盾。

儿童用他的眼睛与耳朵一点点检索他身边的世界，他越来越熟识这个世界，他用已学到的各种常识去理解、辨析世界，他无限地向生活靠近。可虽是如此，他依然被拒于生活之外，他始终只是一个旁观者，无须多虑地穿梭于生活之中。这确实是一个有趣的问题，他沉浸于生活的实况之中，却又不在其中，就好像一个人身处于满是人的屋子里，却与周围的他者毫无来往、漠不关心一样。他是他，生活是生活，这中间隔着一段距离，不，也许只是隔着一道隐而不现的门，又或者仅仅是一个切入点而已。无知的孩子看不见那道门或是那个点，于是生活于他们而言，存在又不存在。一切漫听他便，与己无甚关联——孩子之心。

这样的日子不会太长久，不听不觉的耳目并非将一直如此，也非从来如此，只是人生之初的美好给了他们一切都是美好的幻觉，令他们不自觉地以为世界到处如此。这需要时间，等到他们眼中的同质的世界愈发彰显出彼此的区别之时，等到自我能够从周边的参照物中愈发照见自己的不同之时，等到彼此之间的差别，尤其是自己落后于他者的状况愈发明显地呈现在自我的头脑中时，无所事事的心灵会被点醒，无往不遂的意识会幡然醒悟。那时美好的幻觉自会消失，那时畅行无阻的视野中自会显现那道门或是那个点，那时还会有一股热情生出，落差激发出要改变的热情，那股热情会引人踏入生活，促人向生活追偿一切生活原本没有提供给他的那些优待。

那股热情是什么？外在的不平所激发出的、内在于身体的一股势要冲破现状的冲力，那是否就是令我们肉体具有生命力的一股不屈的能量，是生命内在的呼救，是引领我们在生活之路上见山开山、遇水涉水，顽强向上、不为所迫的一种生命本源的力量？或许那就是生命本身，是生命最本能的冲动，积极且热烈，着意于最原始的生存的权利与自由。

对，我们最初就是由这份热情带进生活的。我们豪迈又莽撞，冲进生活只是因为前方有令我们不爽的障碍与限制。我们是为了扫除这限制与障碍一脚踏进生活的，没想其他。思想与热情从根本上是分开的，热情是生命的本能。那时我们的思想还未能与热情相联系，我们尚处在生命的初始阶段，承载着从人世捡拾而来的偏颇的思想，与初生的、洪流般的热情一起，不管不顾，没有多想就匆匆上路了。

这就是我们人生开始时的状态：一面抱持着来自周围环境的偏见思想，一面又拒绝完全听从周围环境已然的安排；内在模棱两可，却又冲劲十足，并且还能浑然不觉地将两者有机地融于一身，以悠然的姿态等待未来。这不得不说是个奇迹，仅可能存在于童年时代的奇迹。

那么成长又是什么呢？也许成长正是我们用那份盲目的热情走进生活的真实、再反过来验证我们思想的可行性的过程，从中将那些不切实际的想法一一剥除掉，将幻想丢掉，不给任何可能对我们造成伤害的谎言留下空间，以便我们更加理性地面对生活，认清生活的本质，从而找到人存在的意义。成长即是人对于周围存在的一切由感性认知走向理性认知的蜕变过程。

所以，任何人都不应在他成年之后指责其所处的时代太过现实。因为这是人之发展的必然：被欺骗过，自然会多一份机警；被伤害，过自然就不复初始之无知单纯，而要多一份思虑与设防。经历催人成熟，发人深思，令人变得更加理性，这是必然趋势。而我们厌倦我们当前的时代，向往过去，不也正如我们厌倦当前的自己，而惦念过去那纯洁、快乐、热情、无忧的童年一样吗？没错，可是我们都回不去，人长大了就无法再回到从前弱小的时候，成熟了明白了就无法再自欺欺人地告诉自己"什么都不知道，什么都不曾发生"。时代也如此，这只可能是个不可实现的愿望，一个幻想。企图用过去无知的轻松自由来取代现在的一知半解，不意使人更加迷惑、更加凌乱，也让人套上了更加不堪的精神枷锁，这应该也是一种逃避。但我们不能一味地逃避，生活就在这里，与我们朝夕相处形影不离，我们无法将其割除，无法将那些扰乱着我们心绪、束缚着我们身体、关系着我们生计的日常生活中的纷纷扰扰全部禁绝，因为那等同于将自我排除于生活之外，我们不再生活。

因此剩下的唯一可行的办法便是理性地认识生活，处理好生活中的各项关系。事实上，我们全都在变，人在变，时代也在变。社会发展的必然趋势是人人发展至充分理性，不可能也不存在只有我们成长而要求别人不变。每时每刻我们都处于变化当中，只不过我们应当明确的是，我们的问题从来都不是"人变化至成熟理性有什么不好"，而是"人与时代在变化的过程中所导致的一系列问题，我们有的还不能较好地解决"，这是最为关键的一点。人成长，社会即成长，人由"热情引导自我"成长至"理性统御自我"，社会由"少部分理性之人统治多数蒙昧之人"至"人人都理性平等、和谐相处"，又有什么不好呢？所以不要指责，人顺其自然会成长，时代也在成长，直到殊途同归的那个点，才是我们的归宿，也是我们从一开始就不断筹划与梦想着的梦想。

在我记忆里，大约是在七岁，我进入生活，或说是我突然对生活有所感触，明明白白地意识到我需要在此之中有所作为，方能实现我不被小觑的愿望。我承认我从来都不是一个机智灵敏的孩子，尤其在人情世故方面更是十分愚钝。但那不代表我不聪明，我只是一个心思单纯的孩子，往往喜欢专注于某一方面，对其他则一律不闻不问、闭目塞听，这种天性也一直延续到了现在。

那时我的全部心思就是变着花样地玩儿。当然，那时我已经上学，父母也如同全天下的父母一样，动不动就在我身边一遍遍地告知我学习的重要性，我却不以为然。虽然我学习还不错，但我仅把学习当作必须要遵从的事情对待，做到的也仅是上课好好听讲，下课完成作业，至于成绩，则是自然而然的结果。虽然我也向往能取得好的成绩，但却绝不会在平日里多倾注时间精力，因为那不是我的兴趣点。我的兴趣是玩，我也仅在意玩。

平日里我被禁止要零食与玩具，即便别的小朋友拥有了新式玩具，我非常非常羡慕，但我也知道我不能向家里索要。我不高兴，不过也仅此而已，我没有想到过其他什么。我自得其乐，于玩中得到全部满足，从没想过我与小伙伴们之间有什么不同，虽然偶有某个家长对某个玩伴的吃穿住用行方面表示赞赏时，我也会片刻地感到自我不如，甚至会觉得自己有点寒酸，但那种感觉也不过一闪而过，从没在我心里留下些什么。我的世界由于自我的完满而完满，自然地便略去了我对生活其他方面的关注，我不在意，世界在我面前，即日日安详如意。

于是，尽管穷和富的概念在我的周围不断地进进出出、周游流转，我却未曾注视过它们，也就从未真正地邀请过它们进驻我的心海。同样，当幼小的我看见村子里的每一次会议，都是由一位被称作是支部书记的村民主持召开，当我看见村民们无一不在认真地听他讲读文件及听从他的安排时，我也惊奇地觉察到某种人和人之间的不同，尤其是那位村干部的不同凡响。但我的观察及我的看法也仅止步于此，我不曾有过其他的想法。我还小，人世间的一切既有的观念、章程与我的关系还不是很大，我虽隐约地知道它们，但却终究感觉不到它们与我或许会有的关系，很长一段时间里我们只是比邻而居。这是一段最天真烂漫的童年时期，相当于人在世外桃源的日子，无虑无忧，这一切的存在只因在孩子看来这个世界与己关系不大，或者说孩子还没发现自己与这个世界有任何联系。

是人自己的原因，可是又如何将其说清呢？它或它们到底是什么呢？像是婴孩，一天一个样，今日还不具备的能力，明日一早醒来，有了。像是幼童，突然从某一天起喜欢对所看见的一切东西发问，这是什么那是什么，然后过了一段时间后又喜欢说为什么，无论看见什么都问为什么。这是什么缘故呢？如果说人长大后，一切思想的来源在于，当事物以某种异于通常理解的方式呈现在你的面前时，你发现了它们的不同之处，你的认识即意味着思想的扩充，那么为什么你在与他们交涉的很长一段时间里都没有发现这个不同，却会在某个时刻突然醒悟呢？是迫近的事态逼促你思考，是密集的印象挤压你，终于令你在浑蒙中开辟出一条光明之路吗？可是那光明是什么呢？又是如何闪现于浑蒙之中的呢？是原本就存在于浑蒙之中，只是刚刚被你发现，还是一个无中生有的过程呢？并且浑蒙又是指的什么呢？又，现在很多成年人都普遍拥有的经历——或轻或重的人格分裂，两个或多个声音同时显现在一个人的脑海中，那些除了外界要求你的声音外，除了你一贯从之的声音之外，即你从出生以来就一直不断仰赖的、基于周围环境的理念而筑建起来的自我的理念，还有一个我们通常认作是内心的声音。有时在你一个人的时候，它会突然地蹦跳出来对你自己讲话；有时则是当你违心地做某件事情之后，呈现在你内心的一股自我谴责的声音。它是内心自身发出的声音吗？还是别的什么？心灵本身是一个自主的主体，完全绝缘于它者，还是电磁感应般与环绕于它的、外在的一个更大的主体有关联，并作为其信息接收与传达的工具呢？

三十而立，四十不惑，五十知天命，六十而耳顺，不仅在幼童年，人的一生在接收"它"的方面仿佛一直遵循了某种规律性。"它"是否就是指的我们的意识？而意识与内心或说是心灵又有什么关系呢？意识的内容又是从何而来的呢？是否内心即是驻扎于我们身上的灵魂，意识到的内容是内心所聆听或感知到的、存在于浑蒙中的一些信息呢，还是意识是被编排于内心里的一些程序，仅会在特定的时间向人发号施令？如果说内心即是灵魂，我们不灭的灵魂是看不见的精神世界，那么如此"安排"又意味着什么呢？确实存在却又看不见的精神世界，我们总想把它搞明白，但每一次我们都不得不却步于那稍微设想之后紧跟而来的大量疑问之下，我们无法去回答……

世界最不可理解的地方就在于它的完全可理解性，某位科学家如是说。确实，在对大千世界及宇宙万物的研究与观测中，我们已经发现了不少的规律，万事万物仿佛都在某种已然的合理安排下有条不紊地运行着，仿佛确有一只无形的手，仿佛确是"人"为的有意的安排……

未知生，焉知死？圣人回避了这个问题，他没有肯定，也没有否定……

我们依旧在模棱两可中继续，我们无法不继续……

我也在时光中一点点长大，不知道从什么时候起，对世界视而不见、充而不闻的我，获有了见闻的能力。亦不知道从什么时候起，我渐渐吸收了来自这个世界的主流人群的主流观点。我慢慢懂得了穷和富的概念与含义，我知道我家是贫穷的，我还知道一些有头有脸的大人物，而我的爸爸妈妈显然不在此行列。我的发现时常会令我感到落寞与不自在，但好在大多数时候我的生活中并不过多地涉及它们——毕竟我还是一个孩子，更多的时候逍遥于童年自带的乐趣里，况且我并不直接地参与到整个被评说的人群与事件里。我认为那是父母作为的结果。我们家很穷，及我们是上不得台面的小人物，这件事情是由我父母造成的，和我无关，我是无能为力的，也许这也是幼小的我不那么感到刺心的最根本的原因。

但刺心的事情终会来到，因为我对世界的理解，特别是我从现实生活预设给每一个人以每一个特定角色的种种限定中，得以超脱自解的想法，与我所感受到的和世界强加给我的概念，对我的认定与评判是有很大分歧的。这一分歧足以让我明显地感到在这个世界上我不被公正对待，那是对幼小的我的最大的伤害，那是直刺心灵与灵魂的精神之痛。这种痛会将我由一个立于世界之中却又游离于世俗之外的孩子，一下子带入到世界的核心，从此我不再与这世界无关，而是我要向这世界求索，通过它证明我自己。

而这样的事情——以自我为出发点看待自我处境，理解自我作为的种种观点，明显不合于以旁观者的角色对他人心理与品行的认定——这样的事情比比皆是，只是这样的事情需要自我有足够的意识去认识它，而我的意识基本接近这根线了，于是属于我的命运也就来临了。

　　她是我同村的一个小伙伴，我们差不多大，天天缠在一起玩。平日村里来来往往的一些长辈在遇着我们的时候，喜欢逗她玩，而不是和我。我每次都是略显木讷地在一旁观看等待，却也不觉得有什么不妥。直到那一天早上我喊她一起上学时，她穿着一件在我看来非常华美的公主裙出来——在我小时候，农村还是非常穷困的，孩子们的穿着也大都不怎么光鲜。我的衣服几乎全都是母亲从各个亲戚家淘来的旧衣服——我走在她的身边，稍稍感到有些不自在，而她一路上则都成为别的小朋友眼中注目的焦点，到了学校尤其如此。特别是平日里非常喜欢我、我也非常喜欢的两个老师居然也在课下谈论她及她的家庭，小小年纪的我仿佛突然被什么外力给重重打压了一下，那一瞬间失意、郁闷、疼痛、不知所措相袭而来，那一瞬间，生活的百态、过往的印象、人们的互动，那笑、那声音、那眼睛、那面容、那言语，所有我不理解的场景，集聚地在我幼小的心海里闪现又消失。我仿佛忽地明白了点什么，但随即一切又全变模糊，我愣怔地站在那里一动不动，任凭混乱的思绪在心海里进进出出，稚嫩的心灵也被压缩至极限。紧接着的又一瞬间——应该是有时间消耗的，虽然两者几乎是同时行进的——兴许是生命力被压缩至极点后自我本能地反抗，一股不屈的热能从我心底油然而生，幼小的我在那一瞬间集满了浩浩的冲动。

我觉得我需要做点什么，在以后的日子里改善或者是彻底改变我及家人的处境。我不知道思维里是如何工作的，但我知道就在那一瞬间之后，幼小的我莫名地从模糊的混沌里，从刚消逝的缭绕里，从仍未思考过的各种关系里，异常确定地找到了一种支撑，我异常坚定地确信我可以用"它"来对抗我现在的窘境，或许我还可以用"它"来改变我及我整个家庭将来的处境。

那时我已经不再细究我自己与家庭的细微距离，也不再为自己辩解什么，事态的急速进展令我由被动角色适变为自愿担当的主角。我于一刹那间看清了我和我家庭的关系——我们是一个共同体——别人是整体性地看待我们的，因此需要我们共同应对与外部世界的联系。与此同时，我还模糊地意识到，作为家庭成员的一分子，我应该通过自己的努力，通过"它"来让我及家庭在以后的日子里，在众人的眼中，变得像那位村干部一样光鲜而又体面，如此与众不同。而它不是别的，正是父母日益劝说，而我却始终无动于衷的学习。在那一瞬间，我全然醒悟并且明了了。在那一瞬间，我通向世界的门对我显现了，我轻轻地将它推开一闪而入……

对生活我不再无所事事、无所用心，我开始对自我、对生活都有了期冀，于是我也就有了自我存在的意义。尽管这意义不过是生存的热情基于保全自我、应时应世仓促间做下的决定，非是理性的思考，经不起推敲，但这毕竟是自我找到的第一份价值所在。我不再是一个空泛着的、无所谓的存在，追求在进入我心灵的同时也构筑了我自己，我将在此基础上不断地壮大我自己，直至成为我真正想成为的那个自己。

但在当时我并没有意识到这些，人也确实难以意识到这些，就像成长本身并不为自己所注意，你看不见自己，你的目光是向外的，当然这并不妨碍自我的成长。

自我是在我们不曾留意的情况下悄然长大的，这样一件小事，那样一桩事情，一个忧心的刺痛，一扇门的打开，都激励着人去思考、琢磨，去记取事件本身带给人的启发。即便以后事过境迁，事情已渺茫、再无印象，刺痛已平复，赫然开启的门也了无踪影，但那启发却永留心底，一点一滴累积汇聚，不断地壮大自我，完备自我。

其实在我们长大之后，在我们能够意识到我们自己之时，我们已然拥有了来自环境与各自经历所共同启发的每一个不同的自我，我们已部分地秉持了某种偏见思想，已惯性地形成了某种思维模式，我们已据有了立场，我们以为自己能够客观公正、是非分明，但其实事实并非如此。

我也由最初的、原始的、任情感能力自然感觉的、对世界没有看法的我，渐渐变为对这世界有一定视角、有一定认知、有一定立场、对自我有一定要求的我——我认为这世界上有好人和坏人之分，我要做好人。我又意识到有富人和穷人，有大人物和普通人之别，我都要做前者……

世界还是那个世界，没有变，变化的是我们对它的认知。

但这世界，无论你从哪一个角度起始去介入它，都首先是一种偏见，因为我们身居其中，聆听的是其中的声音，我们无法一上来就做到超越于全部人心的高度去俯察它。

我还将继续一边无忧无虑地嬉戏在童年时代的美好时光里，一边零星地接收有关这个世界的道听途说，以满足我对身处的这个世界的认知的渴求。

十岁左右，在我的印象里，这是一段武林大侠们蜂聚江湖的时期，电视上成天播放着各种武侠连续剧，我也如醉如痴地深陷其中。也许在这之前也有不少这样的连续剧播放，不过可能那时我还未达到能够理解、欣赏它们的程度，所以我几乎没有什么印象。在这之后也许还有很多，不过可能因为看过太多的江湖故事，我多半已见惯不怪，所以也就不再有多少记忆。总之，在我的心里我就记住了这一年，我看过《射雕英雄传》《神雕侠侣》，及其他的一些武侠剧。在这些打打杀杀、轰轰烈烈的武侠世界里，尽管场面宏大、历史因素深厚、人物繁多，尽管成人世界里的人情世故、情感纠纷穿插其中，幼小的我都不能将其看得十分明白，但这并不影响我对这类电视剧的钟情与迷恋。现在回头细细思量，我想我喜欢它们也许是出自这样一种缘由——当时没有想过，只是跟着感觉走，尤其对于理性还尚未开化的孩子来说，热情总是冲锋在前——在这个同样为大人把控的世界里，它不似我身边的世界那样细碎与凡庸、波澜不惊、窒闷无趣，让人看不出一点端倪，让人感觉不出一种味道，致使我始终难以理解它。与这个世界相比，那个世界清明多了，让人一目了然：善良与恶毒对立，正义与邪恶不容，虚伪见绌于厚道，勤奋绝对完胜任何先天的骄傲，然后由真善美统一接管原本四分五裂的世界，最终尘埃落定……所有的因素黑白分明，完全符合我脑海里现成的、也是唯一的关于事物的认知的原则——要么是好，要么是坏，我很容易将其辨别，于是便很容易将其弄懂，故也乐享其中。并且，一集接着一集慢条斯理地有序推进，我总是等得心痒难耐，过后却也看得心潮澎湃，久久不能平息。即便剧终了，我也会再回味，甚至偶尔会将那些江湖上的大侠做派照搬到现实中来，与我的小伙伴们一遍一遍地演练。我崇尚那些正直的、正义的、善良的大侠们，崇尚久了，演练多了，幼小的我，无意识之中便将荧屏里的炫目世界的二元对立文化，全部锁定封存于还尚浅短的思想的小溪里……

随后更多的精彩淹没了彼时的光辉，随后更多的事情陪伴我长大，随后过去永久地成为过去，成为众多人生阶段中的一段普通时光。随后或许偶尔谈起那些电视剧，我还能约略地说出几个主角的名字，但剧情大多已忘光，我也不再深陷其中。我长大了，曾经浅短的思想的小溪已拓展为一条深长的小河。当我忽然要独立面对我所身处的世界时，当我无依无靠，需自我思考处理我周围的人事时，我所凭借的唯一依据——我思想的小河，当我从其中不假思索地取出了它，并将它直接应用到我现实的环境中时，我不明所以地受伤了，且被伤得很重。当然那将发生在告别童年很长很长的一段时间之后，那时我已经是二十几岁了。

每一个人的当下都藏在他过往的故事里及他成长的全部经历里。他之所以如此思考，如此对待，如此处理，完全是因为他曾经接受过如此的信息，他觉得这么做合情合理，合乎自己的考量。他怎么想，便会怎么去做。

这是伴随每一个人身体的成长，并同时落成于人思想中的一套生活的逻辑，是从自我生活的全部经验里获得的思维方式，是为人处世的唯一依据，是看待世界的唯一视角。除此之外的是人所看不到的，不管世界多辽阔、多深邃，他所理解的世界仅此而已，他也一贯自认为这是唯一正确的真理。他看不到别的。除非有人给他提供了另一种视角，他在汲取实践经验后认可了此种观点，他才有可能重新整合自己的观念，修正原来的视角，否则他将会一路走下去，走到黑。

在这个世界上，不会有人上来就认定自己是错的，或自己是坏人或小人，在他有机会切实地感受另一种视角和另一种生活之前，即便在旁人看来确实如此，但他本人感受不到也看不到。所以不要试图用自己的观念去说服或者改变别人，事实上这注定只会徒劳无功，因为对于一个未曾经历也不曾有过相同感受的人来说，你的一番好意，你的苦口婆心，你所提出的愿景，你提供的视角，他根本体会不到。体会不到就无法设身处地地感同身受，如此又怎么会认同？更别奢谈去改变了。但这并不意味着从此就要对他人的一些不好的做法或是明显错误的想法不闻不问、不管不顾，任由其发展。不是的，这也正是说教的意义所在：说是为了给他人展示一种更加全面的视角，是为了向他人提供一种有别于他素有的处理问题的思维方式。当他由一条路走到黑再也无路可走的时候，当他绝望无助不知所措的时候，以往的说教，以往不被理解的那些话语，就有可能再度显现在他的脑海里，成为他通向光明转机的另一种尝试。

同样，生活便是由如此的一个个处于自我立场、自我视角的人组合而成，正因为立场不同、视角不同、处理问题的方式不同、坚持的理念不同、对生活的诉求不同，却又同时被约束到一起共同生活，所以摩擦在所难免，分歧势所必然，矛盾无可规避，生活会痛，人会累。所以进入生活，就意味着累。所以人所孜孜以求的幸福，如果这幸福单是指某段时期的结果能够如人所想、顺遂人愿，仅在意结果而不去计较过程的话，那么这样的幸福是存在的。但如果是就整个人生而言，就追求的过程而言，幸福若被遐想为是过程的一帆风顺与持续进程中的无忧无虑的状态的话，那这样的幸福是不存在的。因为要是无忧，人就不会进入生活，而一旦进入生活，人就不可能无虑。假如真的存在人生旅途一帆风顺的话，那也仅是在不了解其真实生活的旁人看来，于自我而言，一帆风顺是不存在的，因为一个人如果不成长，如果一成不变地保持原有的、单一的幼稚思想去应对世界，又如何能够一直一帆风顺呢？要成长，就须在生活的多方位里，在自我与异己的世界相碰触、摩擦、不和及对抗的过程中，一次次摧毁自我，否定自我，又一次次重建，如此疼痛又惨烈的过程又怎能被称作是一帆风顺呢？

所以人生是苦，苦是必然。

那么意义呢？人生空来又空去，却又要历经一番浴火的锤炼，意义何在呢？想必并非为物质。人生似是一场虚幻的梦，发起于某个莫名追求的念头，又结束于另外一个说不清的想法……

一场精神之旅？确是我们变了。世界依然保持我们来之时的姿态——和我们毫不相干。

我们变了，这即是我们来的目的吗？只是这目的，又有什么意义呢？

……

还是在这一年。不知为什么思想的获得与转变好像总是突出地集中在某个或某几个时间段，而其余时间段的生活则仿佛仅是一种过场，徒有其表，不曾留下点什么。难道是质变与量变的关系？可能吧。

在这一年，童年的我莫名其妙地、突如其来地进行了一场不为人知的精神之旅。我突然间想当然地接受了一位看不见的"神圣"存在的事实，我向他求助，并且短时间内频繁地向他求助，在得不到我所期望的答案后，我又毫无情感地抛弃了他。之后，就像这件事情发生之前记不起"他"那样，再也不去想"他"。

本来这件事情就这样无声无息地结束了，没有什么特别，如同众多发生在孩童时代，兴冲冲开启又不了了之的生活片段，消失在一天天与日俱增的生活经历里。我不曾对它有过任何深刻印象，哪怕发生在当时。后来也从没有想起过它，直到我写下前面的那段经历之后，直到我打算将我计划要写的另一段经历描写出来之前。我忽然觉得还应该在这两者之间加点什么，但我却说不出，也琢磨不出。我就这样僵持着，绞尽脑汁地写下一些文字后又删去，再写再删，如此反反复复，总是找不到我想要写的内容……然后关于这段经历的记忆忽地又显现了，就像当年那个莫名的"神圣"突然闯进我的思想，这段记忆最合时宜地又成为我当下最需要的素材，它一闪现我即认定是它，无可替代的它，好像冥冥中早被安排好了，发自内心，有一种坚信与笃定是它，不会错……然后头脑的思考慢半拍地也跟上来，前思后想地终于了悟了选它的缘由。

还是先回过来具体地说一说当年的那件事情吧。我发现对往事回看的时候，人站在成长的因果这艘船的一边，沿着过去成长之路一路巡游回去，会很轻松地把过去深刻影响过自己的大小事情的是非曲直、来龙去脉及个中因由，都能够看得清清楚楚、明明白白，都能够了然于胸，包括当时我们沉浸在其中未曾看到的环境因素。

或许远去的时光不仅陪伴了我们成长，还赋予了我们解析与明辨世事的能力，我们不再像过去那样任由他人牵着鼻子走，或随自己本身无名而莽撞的情绪乱蹦乱跳，我们似乎更明白，也懂得了许多。

在我的童年里，在农村，人们在物质生产生活之外，时不时地会与某个看不见的神祇人物保持一定的神秘互动与交流，比如大部分妇女（包括老者与年轻）固定地会在每月的初一、十五相约在一起，去某个地点烧香烧纸，敬拜神灵。在粮食作物生长期间，倘若偶尔遇到天气干旱旬月不雨或者雨涝成灾的情况，她们也都会自动凑到一块燃香燃纸，跪拜求解，等等。这样的活动，在那个时候是很普遍的。当然，孩子是不被允许参与的，透过大人们的态度，我们孩子们也都能明显地感觉到这是很严肃庄重的事情，所以只能在不远的旁边一边玩着一边留意这边的动作。我们看到她们都是一副认真的、毕恭毕敬的模样，隐约地听到她们嘴里念叨着什么，不过即便使劲儿歪头侧脑也听不清她们到底咕哝的是什么。

我总是对他们的做法表示好奇，经常会在事后向大人们询解一二，但同样会随即抛诸脑后全然忘却。热烈的情感总是始于未曾见识的好奇，又匆匆止于不过如此及与我无关的默然，没有什么大不了的，不过如此，无非如此。孩童的心灵就这样漂着，轻轻掠过生活的空间，在这一方偶尔地截获一点，在那一方又被灌输一些，一切有听有闻又都无所用心地随意放置于一处，热情有余却又总是耐力不足，一边看着听着做着当下的，一边又不时地向四周探看新的目标，总是若有所失地不知要寻觅什么。

另外，那时村子里有很多老人都信仰佛法，经常聚集于一处念佛烧香，我偶尔也会跟随母亲一起听他们念佛经，不过我压根儿听不懂他们说的是什么。我感兴趣的只是他们那抑扬顿挫的声音，他们那有时拖得很长的、很好玩的声调，那时大部分的人都是在唱佛经而非念佛经。身处于这种环境里，我时不时地会碰到人们向神或向佛祭拜及求祷的各种活动，每次遇见我都会在一旁静静地观看，就像在现场看一出有趣的话剧，看的时候兴味浓厚，看完了也就完了。我不曾对他们有过任何想法，也从未想着要去理解他们。他们也如同我领略过的生活中的各色见闻一样，不过是激起我一时的兴趣，却从未在我心里留下任何印记。

记得那时，在我年幼的心灵里，我唯一自觉需要关注的事情，自觉需要做好的事情，在父母眼里最在意我的事情，就是学习。我需要学习好，特别是每一次考试要考得好，因为父母就是通过这个来认定我的学习。我之前学习一直也都不错，尽管我对学习没有感觉，谈不上喜欢也谈不上不喜欢，只是为了学习而学习。可是这一年不知怎么的，每次考试都不能让父母感到满意。虽然我平时的小考都还不错，但父母不管这个。我从学习中感受到压力，大概最初就是从这个时候开始的。怎么办呢？考完试等待结果的时候是最受煎熬的，已经定局了，可我还是希望结果能够如我所愿。应该就是在这种心情下，大人们所顶礼膜拜的那个看不见的神或佛，曾走过我身边又从我身边悄悄消失不见的神或佛，毫无预兆地、忽地一下子降临到我的脑海里。

　　起初我也是有些小纠结，到底是该称他为老天爷呢，还是大慈大悲的佛祖？我在脑海里极力地回忆过往大人们给我的、我当时却不以为意的各种解释。记得大人们求雨的时候，我曾经问过一位奶奶，她告诉我，他们是在向老天爷求雨，是老天爷造了我们，他掌管着我们的一切。可是我又迷惑于我耳边经常听到的那个佛祖及各个菩萨，他们究竟是不是一回事呢？我心想着，一时感到有些混乱，但又不情愿向母亲求证，怕她会问我，进而会批评我平时不好好学习。所以我抬起头望向碧蓝的高高在上的万里长空，心里自语道："那个最大的神啊，我就称您为老天爷吧，如果我错了的话，请您原谅我吧。"然后在心里一遍遍祈祷，希望他能帮助我考进前三名。我还向他发誓我以后一定要好好学习，要按时完成作业……我就这样默默地祈祷着，在等待结果的三天假期里，每天至少默祷一次。

　　我记得祈祷之后的结果并不如意，我考得依旧不是很好，但我并没有怪罪，也没有怀疑我心目中无比神圣的老天爷。我自我安慰道："可能是考完试后再求他的原因吧。老天爷也已经无能为力了，下次吧，下次的时候，我应在考试前求他帮助我。"当然日常我还是我行我素，并不多一分的努力，也很少能想起他。但在接下来的期末考试之前，我又记起了他。我没有食言，我如约地再次求他帮助，不过这一次也没有如愿。

我不再信他。没有告别，也没有怨怒，就像缘于情感需要，会自然而然地接受一个适时来到你面前给你抚慰的宗教信仰，在发现他并不能给予你所真正需要的东西后，你自会毫不犹豫地丢弃他。没什么可眷恋的，也没有什么可痛恨的，他本就是一个毫无来由的、不被证明的东西。当初接受他，完全不是因为他自身多么有价值，仅仅是由于你需要他，你希望他能给你带来一定的安慰，不是吗？很多人的信仰起初不就是这么一回事吗？或者因为很多人都相信他，所以你也最终相信他，这不也一样毫无理性可言吗？然后我就完全弃却了有关他的任何想法，很自然的，不关涉感情，没有任何感受。那种神圣像风一样，不着任何痕迹地来了，又走了。

环境的潜移默化作用就在于此，你沉浸于其中，哪怕你并未特别留意，每次仅是走马观花似的轻轻经过，甚至你也从不觉得你和它有任何关系，你不去考虑它，不去分析它，不去定义它。当你一旦遇到某些你一时间不知该如何处理的问题时，你的第一反应必然会是向你所在的环境求取解答，因为那是你的所有人生经验的发源地。你仰赖它，犹如婴儿依赖母亲。虽然在当时的我看来，那个神圣好似是突然地从天而降，现在想想这不过是环境作用在人身心上的各种影响，恰在各种场合适时地发挥罢了。

从那时起，我不再相信所谓神鬼，后来我坚定地相信课本上所说。我想这除了长时间的学校教育之外，还应该与我这一次的经历有关。这一次经历令我彻底泯除了周围环境带给我的有关鬼神的影响，使我毫无顾虑地接受了另一种理念，并使我在以后的日子里，成为科学这一概念所涵盖内容的绝对拥护者。而脑海里非此即彼的对立文化思想，又令我不自觉地看低一切乡村的固有文化，我从思想深处认定它们低级、愚昧。我认为真正的文化、真正的学问应该在书里，在学校里，在高高在上的某个圣堂里。我应该由此去寻找，我也必然会找到。

想法幼稚，是吗？可是，在人生的每一阶段我们都经常性地犯下类似相同的错误，不是吗？我们喜欢对这个世界加以评价，我们固执己见、刚愎自用，我们常常自以为是地以为真理就存在于我们自己切身实在的感悟里。我们不知道自己所谓的真理，所谓的对错，所谓的是非，很多时候只是自我基于当前认知而得出的独属的人生信条，并不真的关乎这个世界的实相。而世界的实相到底是什么，我们也从来并非真的想要探寻，想要知道。我们不过是在尾随世界运转的同时也部分地反映了世界，我们感受到疼痛、挫折、压抑，感受到物质分配不均，感受到人我之间的差别，当然也感受到爱与温暖，感受到生的乐趣，一切的感触都被记录在我们的心灵里。我们仅仅只能观照这些得自于自我经验的个体感受，然后在自我感受的清晰烛照下，明白准确地提炼出自我对世界的认知。这才是实实在在的真相，与世界的真相无关的真相。这里面有自我所无法看到的、实际存在的自我蒙蔽与自我欺骗的东西……

后来，也许只是由于一刹那的改观，或是一个悄然的连自己都不曾意识到的缓慢变化过程，我一向朝向外界的目光撤回了，我不再关注外在的世界如何如何，而是转向了我自己，仅仅聚焦于我自己。只是这变化连当时的我都未曾察觉到，不过是在回忆里，当曾经杂沓忙碌的日子早已静静地沉淀为一幅默然独语的水墨画时，我方得以注意到这个问题。又一次不期而变，是缘于原本的需求得到满足，内在的自我自然而然地调转目光呢，还是如同婴儿时期如有神引领般地、渐次有序地施展自己各方面的能动性呢？我不得而知。孩童时期的我们总是跟着感觉走，大多数时候连自己也很难讲得清楚，这就是我们突然这样又突然那样的原因所在。这是一段颇为漫长的时期，我在其中度过了小学剩余一年多的时光及初中、高中还有大学的全部时光在这期间，我又恢复了幼时的那种执着于自我世界的纯粹状态——埋头于自己的事情，对其余的一切一概不闻不问。

而我对这个世界的认识，被我永远地定格在了我十岁左右认识的样貌当中，很久都没有任何变动，诸如善与恶，好与坏，正与邪，大侠与凡常庸俗之人……以及那些神啊佛的都是迷信，科学在书本里。这即是我十岁左右认识的世界，也是我二十几岁大学毕业那年，心海里所以为的世界的真实样貌。

我转向了我自己，转向我最该做的事情——学习，虽然我依然没有感受到多少学习的乐趣，但在激烈的学习成绩的竞争中，在成绩的遥遥领先中，在老师们对优秀学生的关注中，我得到了自我所欣幸的最大乐趣与满足。为了学习好而学习，是我初中三年里孜孜不倦的动力所在。我没有想过理想，也没有任何理想，没有想过以后的事情，也没有任何其他特别的兴趣。我也从来不看任何课外读物，不知这个世界上还有那么多我所不知道的丰富与精彩，不知还有那么多有别于我的各种想法与看法。我在自我简单却富足的生活里自娱自乐，优游徜徉。

　　然后我顺利地考上了高中，在人的世界里第一次感受到了优胜劣汰的残酷性。我有几个好朋友没有考上高中，他们有的选择复读，有的则直接打工去了，至此我们很少再联系，我在为自己感到庆幸、为朋友略微惋惜的心情下踏进了高中的大门。我告别了长久以来一直身处的闭塞的农村，在这个仅处于城郊的学校里，我依然感受到了浓浓的繁华气息。这不就是父母日夜为我操劳、一心一意希望我能够摆脱他们所在的世界，从而进入到另一个在他们想来必是无比幸福的世界的大门吗？现在我进来了，我在心底感受到一种向上的力量，我不由得暗下决心，自己一定要更加努力地好好学习，一定要学有所成，一定要在不久的将来闯出一番大事业。大侠虽已远去，但大侠豪迈不屈的形象却一直留存于我的心底，成为我每时每刻极欲效仿的对象。我在如此壮怀激烈的自我期许里翘首未来，我希望我的未来不是梦，我需要努力努力再努力。

　　但，力易强而有功焉，心难强而有智也。兴许真的是我的脑子不够聪明，或者还有别的我所发现不了的原因，总之进入高中后，我的学习成绩就一直很一般。这是在我之前的人生经验里不曾有过的事情。怎么可能？我向来是如此的一位因学业成绩傲人而自我骄傲的女孩，我起初并不相信这样的结果会一直延续。我努力地调适自己，我想，会不会多花一点时间，比别人多用功一点，就会好一些呢？我尽量压缩自己的休息时间，但我的学习成绩依然没有多大起色。本来就不曾发现学习的兴趣，不过是希望通过这一条道去实现我暂时还未预想的伟大的理想，本来就是为了彰显自己而学习的，可现在学习成绩却如此不尽如人意，我以往建筑在此上而得以成形的自信心，也随之江河日下。世界很大，人才很多，毫无优势可言的我又该如何呢？失去了自信，便懒得与他人交流，我把自己连同苦闷的心情一起锁进我纤瘦的身躯里，我变得愈发沉默寡言。

也是在这种情况下，我把目光完完全全地投向了自己。在我一个人的世界里，我安静地自我思考，自我尽量求取答案。我喜欢上了读书，我的苦闷及所有蕴蓄于我心中令我压抑、彷徨、不安又让我无法言说的那团情绪的堆积物，都在书中一一找到了解答。原来文字竟有如此的魔力，原来抽象的情感竟也可以如此被清晰表达，我被文字所震撼。我感受到文字的无所不能的述说能力，以及它平仄婉转的音韵之美，我彻底被它征服了，我希望自己以后也可以写出这么优美的文字，也可以用文字来解答所有人生的困惑。从前一直没有理想的我，不过是以超越他人为努力坐标的我，有生以来第一次缘于自我的喜欢，契合心灵的需求，找到了我人生的第一个理想——成为一名作家。

从那以后，到上大学之前，我在学习之余总会尽可能多地挤些时间来看各种文学作品。我沉浸在其中，一面感性地感受着文字流动着的音韵之美，一面又在独立的各个字符所共同构成的语义里。在它的启示下，我边思考当下的状况，边惊奇地遥望我所不知道的别处世界。慢慢的，我发现我原本以为的那些幸福的人，那些功成名就的人生，在各自为人所称颂的光环下，竟也藏有那么多的不如意。他们也有挣扎，有愤怒，有委屈，甚至也曾有过想逃脱的念头，他们所遇到的挫折也并不比谁少，但他们最终都战胜了自己，所以他们才会成功。十七岁的我为他们的事迹所感染，我的趋于冷凝且无望的血液再被调动了起来，我也逐渐了解到一个叫作意志力的词，也许那就是凡人与伟人之所以不同的地方吧！我也该奋进，不该就这么轻易地放弃，我对自己说。掩埋于心底的大侠的志气抖落尘埃，再次在心底不由得激荡起来。恰巧那时，我的语文成绩一改往日总拖我后腿的状况，突然间就提升起来，并且在接下来的几次考试中都居高不下，出乎预料地成为我各科的领头羊，于是我重新一搏的信心倍增。我仔细地观察自己与其他同学学习方式上的不同，冷静地分析导致我学习成绩不佳的原因。我找到了，我发现是我不会合理利用时间、合理做计划的缘故。随后我进行了调整，顺理成章，我的成绩又一点点地提升起来。

我把这一切的进步归功于阅读文学作品，我认为是它让我调整了心态，学会了思考，不再仅仅局限于一个单纯的目标，而是在更宽泛的领域里思考我当下的所作所为，让我有更明确的意义感。我也在好成绩的激励下，不仅争分夺秒地在各种空档里疯狂地阅读文学作品，而且在以后的语文课堂上拒绝按照老师的安排去学习和复习。我沉醉在文学的世界里，沉醉在我的梦想里，我觉得学习语文不应仅仅聚焦于单个的字与词，而应系统地训练自己将某种思想或观点一气呵成地写就，就像那些经典的文学作品所呈现的那样。语言该是对人生及世界的一种诠释、一种注解，而不该弄得像课堂上那样咬文嚼字般枯燥乏味。我在初涉文学之初所体会到的满足与兴奋里，无法自制地继续向那个世界的博大精深狂追而去，我忘了时间，忘了高考在即，忘了梦想其实并不急于一朝一夕……

属于我人生的那个高考，我并没有考好，而罪魁祸首就是语文，我的语文考得很烂……

我被调剂进了一所大专院校，那所学校不在我理想的志愿范围内，所学的专业也不是当时的我所能懂的。但我没有选择的权利——贫困的家庭希望我快点完成学业早点工作赚钱——于是我由着那一双看不见的大手将我推向任何命定的所在。

痛是必然的，但也只能接受。痛定思痛之后，我希望在未来的日子里能够好好地学习，以弥补因高考失利而导致的与本科生之间的一步之差。我一定要追上那一步，我怕这一步之差会造成日后的千里之距。我的梦想也要一直坚持下去，我一定要在若干年后成为一名作家，我在心里不断地激励自己。

就这样，我只身来到了另一座繁华的城市，在这个城市偏僻的一个古旧而狭小的校园里，度过了我的三年大学生活。

青春是什么？这个在我高中生活里常常被老师及同学们挂在嘴边的、好像特别需要珍惜的东西，我却一直不大能体会与理解。包括大学的那几年，我还是未能感受到青春与以往的童年及以后的一些生命历程相比较而言，究竟有何不同。现在想来，也许是这么一回事，青春是在回忆中，如同爱情是在想象中才会被人奉若珍宝一样。在回忆中，在早已失去了的喟叹中，在时光不可复得的惋惜中，在过去蹉跎而致使今天无力的懊悔中，在垂垂老矣却无能阻止的无奈中，人们方得以觉得那段拥有着最健康体魄、最活跃思维、最旺盛精力的岁月的重要性。只是那段岁月一去不复返了，所以才会有一代又一代的人不断地重温它、歌颂它、追念它。而正在经历的人不会自我感知到，因为他没有比较，没有比较就感觉不出珍贵的所在。所以还是那句话，事物并不能自我反应，它需要通过与他者的对照——或是另外的一个第三者，或是不同时期的另一个自我—— 方得以显现。

　　大学，我是带着高考失利的极其自责的心情进入的。我没有忘记未能考上本科是由于我极其叛逆，所以我决定在新的校园里一定要安分守己，好好学习，学有所成。可是大学又不同于仅在乎学习成绩的初高中时期，我在这里，在这个个性自由、活力多彩的大学校园里，发现了在特长方面严重不足——除了学习，我几无其他特长。当然，这样的学生有很多，不只我一个。只是我并非是一个轻易就肯臣服于现状的人，轻易就能接受既定的安排的人，尤其这么多年来，我一直都在靠自己的力量去为自己争取尊严，以弥补家庭无力提供给我而身边同学们却都拥有的各类物质，以及因物质的短缺而为自我带来的心理的匮乏。当然，我也知道不能拿自己的缺点与别人的优点相比较，所以我想，除学习成绩特别好之外，我最好还要有一项绝对出类拔萃的其他特长。我内心极度渴求被人关注，我不想自己总是处于一个从属的地位，或是只做一个为他人的光芒所遮蔽的角色。我选中了英语，还是学习，除了学习外我也别无选择，关键是只要能达到我的目的即可。另外英语也不同于我所学专业的那些课程，这是一项需要每个人都要基本掌握的课程，我决定要把它学好，做一个在专业之外精通某种外语的专业者。

我做到了，我的英语成绩扶摇直上，在第一个学期飙升为班级第一，紧接着英语四、六级考试在大一结束之际我也全部通过。我把所有的课余时间都用在了学习英语上，我忽然喜欢上了这门学科，就像当年我猛地发觉汉语文字的美一样，我在这门学科里也发觉了它的魅力。每天我都坚持阅读英语原版小说，我也从不放弃任何在网络上或是生活中与一些英语母语的朋友练习对话的机会。为了能将其学好，我甚至突破了曾经因为自卑而不自觉形成的内向性格，我不再害羞或害怕，我敢于也乐于在任何合适的场合练习我的口语。

我的英语越来越好，我也越来越有自信，从周围的同学中隐约地感受到那份被仰视的荣耀感之后，我在心里悄悄地又定下了一个属于我未来的计划。我打算利用好大学三年的时间，在毕业之前，除了可以用自己所学的知识，写一篇绝对具有技术含量的专业论文之外，还决定利用自己的英语特长做出点其他成绩，当然不一定非要与我的专业相关。而至于究竟要做什么，我还没有什么具体规划，但这并不妨碍我对美好前程的设想及预估。同时，我认为我将来的职业亦不应该仅仅受限于我的专业，我也可以从事外语方面的工作，而且如果时间允许的话我计划再自学另一门外语。我的想法太单纯，甚至有些不切实际，可那时我就是这样的一个人，总喜欢在现实之外，以一种幼稚但却又十分积极向上的态度去畅想我的未来。也许在别人的眼中，我就是个游走在生活与梦境中的边缘人物，总有那么几分不合常情吧！

曾经那份对于文学的执着，就这样被其他新的热情挤出了我的生活。在大学的晚些日子里，我几乎不再看任何文学作品，只是偶尔会捧起一两本身边同学案头的文学杂志闲读一番，不过那也仅仅是为了打发无聊的时光而已，与喜好和雄心壮志并无半点关系。

来也来得热烈，去也去得决绝。好像爱情，有时不爱并非是因为对方怎么了，而是你自己怎么了。曾经爱不过是由于你需要某种满足，恰巧你在某个他者身上寻到了这样的满足，你热烈地称此为爱。而不爱，要么是原来的需求得到满足后你又产生了新的需求，要么就是原本的需求因为种种原因已不再成为你的需求，因此你也就不会再钟情于原本的那个他或她了。世间所谓的爱情，所谓爱好，所谓梦想，莫不如是。人类心理天然的不完满性，定然决定了人类必会在人世间马不停蹄地找寻、追求。

我也如此，放下了文学的梦想，拥抱起新目标。

我的大学时光就是在积极奋进的努力追求中度过的。我对自己许诺，我一定要学有所成，我不相信一次高考的失利就真的会导致人我之间根本性的区别，那些关于本科生与专科生之间学历价值及人才竞争力的区别定论，我从心底深深抵触。我相信如果真有区别，那也仅是所掌握知识多寡的区别，而只要有实质性的区别而不只是名分的区别，那么一切就有补偿的机会。我自我安慰也自我鼓励。

永远都是在落差中、在仰望中，人们始觉自己落寞，进而愤愤不平地为自己被区别对待的命运叫屈，苛责被不公正对待，希望与被仰望者平齐。永远都是历尽千辛万苦才登至尊位的那些高高在上者，他们宁愿以一种悲天悯人的情怀对你倾囊相助，以显示他们的仁慈，也不甘愿被拉回至与你平起平坐的位置，和你再也没有了尊卑的距离。

在实际的距离产生之前，人在心灵深处天然地寻求自我最佳位置的内在诉求。

他不允许被人不等同视之，但也绝不轻易让人等同待之。他不愿承受鹤立鸡群的孤独，但也坚决拒绝在浩浩荡荡的人群中看不到自我。如果他做不到高瞻远瞩引领潮流，也绝不会随便放下自我完全顺从他人。他好似拥有目标，却始终寻不到目标，他只是这样不住地不安地寻求、求索，不放弃但也难谈始终坚守如一。他被外面纷繁的世界不时地扰攘着，他被内在不平不服的自我时时鼓动着，他劳累却又难安，他疲惫却又不肯折服。他清楚又糊涂，他自我矛盾，他是现实存在着的每一个人，每一个人都是矛盾的组合体。

那时我还不懂这些，我在我最初的感受里，感受因世界恢宏强大的定论（本科生的学历价值与人才竞争力远远高于专科生），与我内心的不一致而产生的加诸我身上的那份无处不在的刺痛感，我集结我全部的能量向世界第一次发出我拒不服从的个体的抗议声。我不承认本科生就一定比专科生优秀，我认为只要把该学的都学好了，只要肯下功夫去深入且多方面学习，那么专科生也一定能取得本科生同学所不能取得的成绩。

也许是我力量太单薄，或是我们这些向往与本科生的待遇和身份平齐的专科生们，的的确确无法与那个看不见却时时都听得见的巨大声响相抗衡。我记得，起初我们还不断地、极其热烈地对此表达我们的抗议，随后我们仅仅是偶尔发声，再往后，我们几乎完全对此噤了声。大概是，我们全体都无比清楚地意识到此论调的不可更改性，无可撼动的权威性。我们也都各自十分识趣地早早地为自己的未来道路做好了准备。

而我也选择好了我的路，参加自学考试，通过自学考试获得本科学历。全日制的专科在校生在读期间同时拿下了本科学历，不也就等同于全日制本科生吗？我在心里自我嘀咕。既然抗拒与对峙毫无作用，既然更正大众的观念难乎其难，希望也从来都微乎其微，那么也许剩下的就只有尽量地向那个标准靠拢了……除此之外，我感觉别无他法。

如果说家庭对于一个人的成长确有其重大的影响，那么对于一个与父母严重缺少沟通也从未被引导要去沟通的人来说，家庭给我的最大的财富便是贫穷。因为贫穷，所以我知道自己的一切都要靠自己去争取，需要自力更生，所以我需要很早地为自己去做打算。还因为贫穷，对于别人很自然的拥有的一些诉求，比如恋爱，我会理智而坚决地告诫自己现在还不可以有。当然我不可以有的，我明明白白提前看清楚的，还包括三年后的那场一定能改变我们各自身份的专升本考试。我确切无疑地知道，我不可能再拥有机会参加了。

我的那些同学们，那些目前还同我身份一样的专科生们，他们沉默，我想是因为他们知道他们还有机会，至少还有两个机会——

当前的自学考试及三年后的那场专升本的考试，所以他们无须再劳而无功地一遍遍烂嚼舌头。而我，深知自己不再有机会，所以在接下来的时间里我集中全部精力，孤注一掷地学习那些可能会改变我身份的自学考试的全部课程。

三年的时间眨眼而过。三年里我实现了我所有的愿望，我如愿以偿地在专科毕业的同时拿到了本科毕业证书，我的外语水平令全校的同学瞩目。我自我感觉良好，这种自满的心态令我在心底产生一种幻觉——我认为经过了这么多年的学校教育，我终于可以说是学有所成，那么接下来的时间就应该是我个人施展抱负的时刻了。所以我期待我能够快一点走上工作岗位，在实践中找到并实现我目前依旧没有寻到的伟大理想。

是的，我还没有理想。是的，生活再次发生变化，我又再次自然地丢弃掉原本的理想，在生活的又一个拐弯处热切地期盼我的新梦想的降临！是的，有志者事竟成，无志者常立志，我在心底对自己频繁地转换目标、不能持之以恒的做法有些许的蔑视。时常自我嘀咕，难道自己就只能做一个小人物而不能像那些大家那样，穷尽一生做好一件大事吗？毫无疑问，我已经很肯定自己的属性了。虽然在某个时刻，我还可能自大到不把这个世界放在眼里，我觉得既然我已经完美受教，那么结束教育的那一刻就应是我改造这个世界的那一刻——我需要把我全部的所学所知用来指点世人，我认为人是应该有所作为的，否则学那么多年知识干吗用？于是我还是小时的我，一面自我感觉极度渺小，一面又不知天高地厚。于是我也依旧继续照搬儿时就已经模糊设计好的人生的蓝图，大踏步向前。

我想做像村主任一样的人物，永远在高于人群的位置上俯视众人，也永远接受众人的瞩目。

我那时不知道，人心理的天然诉求——既希望群居在人群之中，又要在位置上高于人群，反映在现实人生里便成为人对地位或名誉等的莫名的渴求。

或是做武林中的大侠们的一员？永远奋发图强，永远维护正义、除暴安良，永远都憧憬会有一番大的作为。

又或是兼而有之？全都融入我思想的模型中，被带进我具体的生命里，在具体的生命中左右着我的人生。

我也同样不知道，这最初的理念即是导致我后来全部痛苦的根源所在。

第五章　微小人生碰触宏大命题

　　如果生活一直顺心如意，谁还会去追问存在的意义？或者，如果生活一直依照着我们先前为自我所拟定的计划行进，哪怕过程中时不时会有许多不如意，我们仍会耐着性子把我们的美梦坚持到最后，我们绝不会因体味更多失望、无助，从而对生活存疑而诚惶诚恐、自寻烦恼了。我们本就是些有着小小惰性又怀揣梦想、善于趋利避害又极尽缺乏安全感的物种，只要有一线希望，绝对会发挥最大的本能去保证自我的生活，绝对不会放弃自我，放下生活。可问题在于，看似一成不变，其实又瞬息万变的生活，我们一次次被它召唤，一次次被它打乱；我们一次次充满信任地向它狂奔而去，我们一次次又被它彻底背叛；我们一次次自以为是地掌控了它，我们一次次无独有偶地又被它推到了风口浪尖，在不知何去何从的境地里坐卧难安，进退维谷。原本喜欢盲目跟从的冲劲消停了，原本拒不服从的执拗隐退了，于是立场不再，是非模糊真假调换。当原本值得信赖的一切都变得可疑时，我们除了拥有更多的问题之外，还有更多的问题，于是对于生存的本质、对于生命的意义的拷问随之而来。

　　生活迫使我们去应对，又迫使我们去思考。

我们的痛苦源自：我们理所当然以为的世界，我们所期待的世界与真实的世界——我们正在实践中或即将要去实践的世界——它们之间有一段很大的距离。

我们总是希望这个世界及身处在其中的所有人的行为准则，都能够符合呈现于我们自我心中的、先前形成的对这个世界的基本认知，包括好坏善恶。所有我们理解不了的行为模式，要么是与划分标准不符，在自我的认知世界里找不到确切的定位，要么就是超出我们的认知范围。所以我们否认它存在的合理性，认为它在冲撞及挑战我们的规则，我们深恶痛绝。同时又由于这些异类的种类及数量规模巨大，完全震慑住我们这些势单力薄的个体，自然地，我们在精神上又感受到被碾压的痛苦，这就是自我时不时疼痛与抑郁的根源……

我们无意地忽略或者说是忘记了这样一个事实：我们对这个世界最初的认知，难道不是源于当时对外部世界的各种信息的填充？谁说当时就是正确无误的？谁说后来的就不对？又是谁说再后来的就一定对呢？

生活会证明，在这个世界上，我们的身心将无一例外地经受一次次被充填的过程，一次次又被掏空的过程，就像我们身上的不断变化与更新的衣着，会随着自我的需求一次次被完全褪下，又一次次重新着装，伴着时间和各种琐碎的事务，无论是疲乏与欣幸，无论是坦然与恐惧，无论是拒斥与期盼，最终都会逝去。因此到底该追求什么，有没有必要去追求点什么，这是个值得商榷的问题。因此，生命的闪现及随之而来的关于生命的意义的问题，这是无论谁都无法绕过去的。

因为到头来，我们全都会清清楚楚地体会到——生存实相的破灭所带给每一个人的沉重的虚妄感。

我二十岁出头，自以为已经博学多闻、学有所成，可以在这个世界上有所作为，我的眼睛和内心除了装着我的雄心壮志之外，看不见任何其他的东西。我感觉自己就像一位在深山闭关修炼多年的大侠，出关的那一天即意味着我已经有足够的力量去实践个人的意志，我相信会有一番大的作为，会不同凡响。此时，我是一个对世界和对我自己都毫无概念的人，我在离地很远的欲望的云层里四处探望，目光不停地穿梭于空想与现实之间。此时我看不到别的，我的想象力赋予我一切，带给我欢乐，整个世界也因这种短暂的美好变得温暖又祥和。

孩子的情感是感性的，因为他们躲避了生活的真实，在相对优游而宽松的环境里远远地观望着、想象着。同时还因为他们部分地保留了我们最初的纯情，所以世间的一切均以某种含混不清的模样被刻在他们的心灵里，对他们而言，情绪的反应要远远高于理性的分析与判断。但成人不同，生存与生活直接挂钩，他们从空想的云端坠入现实的大地，他们再也没有回旋的余地，取代他们对过去美好遐想的是无处不在的生存竞争所带来的现实压力，未来永远是个未知数，一切都有待于现在的表现。于是生活的每一天都演变成一场为明天有恃才会无恐的战备，于是与生活的每一次交锋、每一场博弈，我们全都绞尽脑汁精心准备，每一次创伤、每一次挫折，我们都会反复琢磨不断反思，生活中的全部要素全都无比明晰地显现在我们各自的眼中，就像数字时代的我们善于把一切都量化，我们将情感也推至最为冷静的边缘，我们习惯权衡与计算，处理任何事情之前都尽可能做出客观精确的准备与打算。

所谓深谙世故的聪明人，所谓世事洞明的睿智者，不都是由这一条道路而来的吗？我们亦将履此而去，这是我们每个人的必经之路，也是我们的必修之课。这条道上充斥着用来锤炼与打磨我们的各类事件，我们将被锻打、被撕裂，直至被重新塑造，凭着各自的悟性蜕变为各色人物。

人生的分水岭在此形成，岭的那一边是另一番世界与另一种人生，我在这边翘首观望，以在单纯的世界里不多的单纯经验所演化而成的思维模式与盲目的自信去看待那边，以为一切都将如过往，只是努力与毅力的问题，只要我如从前一般认真思索、奋发图强，那么一切也都将如从前那般顺风顺水，如我所愿！我以为这两个世界的不同仅是风景人物的转变，不知道世界其实是彻头彻尾地更换了另一种模式；而我更不知道的是，我也需要转变我的思维模式去应对这个不同的世界。我不知道，所以我毫无意识地继续沿用旧的眼光来看待新的世界，所以我受伤了，而曾经对未来美好幻想的落空，更加重了我伤痛的感觉。

我的第一份工作是在人才招聘市场上找到的，工作单位是一家食品代理公司。从局狭的学校和傲人的学业中走出来的我，要初次独立面对这个世界了。我有种恍如隔世的感觉，又有一些无所适从，但还好在尘世的寒风中总算找到了自己的活路。我再次通过社会这面镜子看清了在这个世界的定位，微不足道，极其微不足道！

那么多名校的优秀人才，那么多学识广博的优秀毕业生，在招聘职位有限的招聘大厅里，我又算得了什么呢？更何况我只是一个通过自学考试才勉强拿到本科学历的全日制专科生，不是全日制本科生——所有需要一定知识含量的岗位的最低标准。我才发现，你怎么认为那是你个人的事情，但是社会自有社会的一套标准。我在社会所制定的框架里真实地感受到自己的渺小和不值一提。曾经因为学业出众而建立起来的自信，我对未来的美好设想，以及我自身存在着的善于想象与幻想的理想型人格，均或多或少地远离了我。我好像踏踏实实地落了地，同时又确确实实地不再妄自尊大，我再一次认清了自己——一个普通得不能再普通的小人物。

在毕业之际，我记得我约略参加了七八场大型的人才招聘活动，而且一场比一场让我看清真实的自己。如果说起初我是在自我的空想里将自己漫无边际地拔高的话，那么后来则是在现实的影射下，终于领略了什么叫人外有人，天外有天，在真正感受到自己确实很一般的愈渐悲观的情绪里，我对自己毫无下限地一再贬低。所以当后来终于有一家私营企业肯向我抛出橄榄枝时，我痛快地就答应了。尽管专业不是很对口（我学的是金融，他们要我做出纳），工资水平很低，仅够我一个女孩维持正常的生活开销，尽管别的福利一概没有。参加了那么多场招聘会，投出了那么多简历，总算有了一个实质性的结果。再说，我也别无选择，只能在一众差选项当中选一个不那么差的。我不可能像别的同学那样仅参加一两场招聘会，我没有别的选择；他们可以选择专升本，可以仰仗家里，或是其他。如果我不能在毕业之前定下自己的工作，那么毕业后我将无依无靠、衣食无归。所以我要为我自己的未来提前做好打算。

尽管之前的空想那么壮丽绚烂，但现实终归是现实，所以我很顺从地就接受了这一事实安排。只是我在心里对自己说，任何伟大的英雄人物不都是要经历一个低谷吗？现在的我也是这样，我将在此基础上创造不朽的未来。到目前为止，我的全部经验、我的心灵里所存储的关于人生的基调都是积极向上的，都是来自儿时接受的那一套法则，我相信任何人只要持之以恒，就一定会成功的，无论你当下的处境如何。所以我在承认自己弱小的同时，也在期盼着我强大的那一天快点到来。在我的思想逻辑里，只要我一直保持努力状态不松懈，那么那一天是必然会到来的。所以尽管现实并不怎么美好，我却仍能欣然处之。

人是生活在自我的世界里的，不管他是成人还是孩子。唯一不同的，成人是生活在现实的主观里，而孩子则是活在自己想象的主观里。人从来如此，与年龄无关，与知识无关，与阅历无关。人绝非是生活在客观世界当中，尽管他是客观世界里的一员。人的经历、经验及通过自我的感受与分析所得出的对于这个世界的认知，构成了自我的思想模型，决定了他的世界观与人生观。

每个人都拥有一套属于自我的思想模型，那是他的属性，如何自我定位，如何观察这个世界，如何思考人生，如何行事，都取决于这套模型。如果它是积极的，那么即便存在的世界在其他人看来是黑暗恶劣或是荒唐透顶，他都不会受其影响，他都会在自我生存的环境里积极寻找自我生存的契机。同样，如果它是阴晦不清的，是看不到出路的，那么无论这个大千世界多么阳光明媚，多么缤彩纷呈，都与他无关。他被自我的意识一叶障目，埋头沉湎在阴云笼罩的自我世界里，在那里悲凄，在那里抑郁，在那里彷徨难安，在那里自暴自弃。而性格则多半是由天生的性情与后天的思想、行为、习惯融合而成，它更多的是沉滞的行为惯性的力量。如果一个人的思想足够强大，那么为了完成他人生的目的，任何性格的弱点都是容易被克服的；如果一个人在他的思想模型里得出了人生虚空或悲观的任何结论，那么纵使他曾经阳光开朗、达观向上，他也会在自我的新发现里日渐消沉下去。

　　一毕业，我便搬进了地下的工作单位与宿舍。据单位领导说，之所以选择地下室作为办公地点，是缘于其冬暖夏凉的优良特质，一来可以让单位节省成本，二来员工仍可继续享受到不错的办公环境。我的宿舍同样是被安排在地下室，不过是在相邻的楼盘的地下室里的一小间。宿舍里悬空挂着两根粗大的下水管道，每天夜里都有连续不断的哗哗水流从我们头顶呼啸而过，还有熏不死、灭不绝的蚊子。那里还住着一个女孩，她叫安阳，比我大一岁，她已经住了一周了。安阳是中专生，她毕业已经多年，原本一直在家乡的一个小企业里做文员，工资不高不低，平日与父母住在一起。她说，她过够了那些毫无趣味的生活，决定一个人跑出来看看外面的世界。她说，这份工作也是在招聘市场上找到的。我问她，现在觉得怎么样呢？她没有直接回答，只是回了一句，反正她不想回去。安阳在单位里做行政内勤，负责接待、接收订单、发送传真及其他的一些杂事。我是出纳，我们不在一个办公区，上班时间并没有多少接触。但是下班之后，我们两个基本上是形影不离。每日下班后，我们总是一起沿着夕阳斜照的大街溜达，一起拐到商业街，透过玻璃橱窗看店内琳琅满目的商品。这时，我总会对安阳说，我要等到多少岁后穿这样的衣服，或说多少岁后要留什么样的发型，或是等我有钱后要怎样来打扮自己。而安阳不似我，她更喜欢看一些家居装饰品，也喜欢把钱用在可口的小吃上。于是我们走进小吃一条街，在那些廉价的铺位前解决我们当前的温饱问题。

教我业务的员工名叫刘娟，她三十岁。她说，她看到我就想起自己的当年，她也是二十几岁毕业后就一直在这里工作，但是她现在决定要走了。这也是招聘我进来的原因。她说，她准备回家休息，然后要个孩子。领导让她务必把我培训好，她才能走。我忘了当时是在什么样的环境下她对我说了这些话，也压根没去想她为什么要对我说这些话，但是我记住了这些话，因为我很高兴，她是要把我培训好后才能走。我还是那个曾经单纯的我，思维模式还是不曾有变，只关注自己，关心自我的成长，完全无所用心于周围的世界。就像我多年的学生时代，自己总是超然地存在于周围的世界里，我所在意的、我孜孜以求的仅是学业上的满足，对周遭的人和事不过是浮光掠影般接触过而已。或许我还处在小时候所接受的那份情感当中——电视里的大侠，在他小时候，无论这世界怎样动荡不安，有怎样的苦难，他都无听无闻亦无动于衷，仅仅用心于自己的术业并醉心其中，直到某一天他学有所成然后横空出世，他顺理成章地成为这世间事务的主宰者。同样，我的心灵也依旧处于孩子的层级，尽管我已踏入成人的行列。也许正是因为我的这份不合时宜的幼稚，我才能始终如一地保持一份小孩所特有的敏感，进行多方位的感受，并在心灵里永久地记录下这个多维度、多层次的世界。其实从来不都是这样吗？好与坏是可以互相转换的，优点与缺点如若从另一个角度来看，也应是另当别论的。办公室里除了我和刘娟之外，还有一个会计叫杨莹，二十八岁，一周出现不过一两次的一个主管会计。还有在我这一段经历里对我产生影响的、隔壁办公室里的仓库管理员王玉秋和销货员刘小燕。

刚参加工作的心情如同人积极地对待自己人生的每一个崭新的开始，我也将全部身心贯注在一个单纯目标的状态中，走过了我最初的工作时日。这种热情和专注包围着我，以至于我忘了我所处的世界的改变，恍惚地以为自己还在学校，或是工作不过是以往学习生涯的延续，生活并没有多少改变。每一天我都跟在刘娟的身后学习记账，看她如何与业务员打交道，然后跟着她跑银行，及做一些单位领导临时安排的送货之类的活。刘娟很认真地教我，偶尔也会让我在她的指导下试着自己记账，自己管钱，我也学得饶有兴味。下班后，便是我和安阳的独立小天地，我们会从地面下的工作单位走到地面上，走到阳光下，走到人来人往的宽阔的大街上，然后一起去小吃街挑选美味。直到我们都累了，溜达疲乏了、困倦了，我们才会一起结伴回到我们的地下住处。

那些日子清贫得简单，又忙碌得忘我，给我留下舒服且满足的印象。我想，即便后来我过上了不愁吃不愁穿的幸福无忧的生活，也未必就比那时的生活更多一些快乐。因此，所谓美，所谓幸福，其实并非就生活本身定义，而是由体验者的心理决定，如若在粗陋的生活之中，人感受不到任何不惬意与不如意，也看不到任何物质急需的匮乏，那存在的一切在他心里当然都是美的。

只是时间一长，当陌生的面孔与业务渐次为我所熟识，当工作的一切在我眼里呈现为一种每天都差不多的模式时，当我能从繁忙的工作里多少抽出些许时间自我思考时，我的意识猛地从懵懂里脱壳而出，一点点变为周围人、周围事物的普遍意识。这种转变是悄无声息的，又是时时刻刻的，是无人启迪的，又似是事事都在暗示。就像我每天工作后从地下室走到街上所看到的阳光下层次分明、等级有别的一切事物——低矮的灌木丛，高高的法国梧桐树，再高一些的年代已久的红砖楼房，新建的更高一些的现代楼房、小高层，以及远远地都能看到城市比邻而建、富丽堂皇的高楼大厦，还有路上的各色车流与人流。它们似乎都在向我表明，向我力证某个早已存在的结论：我是天空下人类中最卑微、最渺小的！如果说在招聘市场上我曾感受到的自我的渺小，可以通过自我的努力去发展壮大，那么现在我真真确确地感受到了一种无力感，横亘在我面前的是无论我多么努力都将无计可施的现实——我在地下室工作，而无论多么卖力，老板也不会将我的工资提高到现今一平方米房价的四分之一。而不管我怎样努力，即便将来我能做到主管会计，我还是生活在底层，仍旧触摸不到这世界的核心。

我一面自哀，又一面忍不住自嘲，嘲笑我过往的幼稚，又禁不住哀叹我已看到未来的现在。

一个美梦在我心里永久地破灭了，从我童年起便伴随着我，在长久的求学路上心存的唯一希望，也是学习的最高寄托，在一刹那间幻灭了。

多年后，我听到一位教育专家对此的论述："你们是拥有较高学历的社会底层人员……"

这个世界原来是这样的。我是无数如蚁的人群中的一员，我普通而平庸，我的存在只对我自己和我的亲人有意义，我也将为此而活。那些在学校里所聆听到的豪言壮语，那些激昂的口号，那些我为自己所编织的大侠梦，都一一遁隐了，消失了，我感到我真正看清身边这个平凡的世界了。

通过大半个月的接触，我和刘娟渐渐熟识了，我把她视作一位值得信赖的姐姐，我觉得她很坦诚，温暖可亲。我很喜欢把自己的各种想法与困惑说给她听，希望聆听到她的看法。偶尔，她也会向我诉说一些她的事情。一次她对我说，其实她并不是要回家生孩子的，她现在还没有要孩子的打算，她只是想换一份工作，毕竟在这里工作这么多年了（她从毕业就在这里工作），工资却迟迟不见涨，所以想出去试试。一次，她对我说，以后你自己做账了，一定要记得有些账目是不可以随便乱走的，即便领导让你那么做。她说，我们公司的账可能存在很大的问题。她对此一直存疑，她提到上一个主管会计，业务水平很高，她无法平的账，现在这个会计居然说已经平了。据她观察，这个会计的能力远不如那个会计。

随着我对业务的渐近熟悉，刘娟除了现金账还没交由我之外，其余的零散的业务基本已全部交给我去处理，我也由最初的对工作怀着一份锲而不舍、积极求索的心态，转变为一切不过如此的平常心。是否因为工作不同于学习，不会每天都翻新，不会总有新的知识在前方等着你，所以人才会倦怠，才会总想着在工作之外创造些别的插曲，以补足生活所没有提供给人的那些兴味？是否一些总爱在工作之外挑拨同事关系、制造人际关系矛盾的人，就是缘于此呢？我不是很清楚，不过也许真的是说者无意吧，但也的确是听者有心，我就是在这种人的喋喋不休的言语攻势下，渐渐模糊了我对周围人、周围事的看法。

王玉秋，我们的仓库管理员，公司规定每周五我都要和她一起去查验公司仓库里的实际存货。即便平日接触不多，但每周五我总会有一下午的时间和王玉秋在一起。她已经结婚了，和刘娟差不多大，好像两人是一同招进公司的。她很健谈，和我无所不聊。她和我聊她家人的事情，聊她的丈夫，聊她和她公婆相处的各种琐事，当然也聊单位里的事。她说："你知道吗？我们所看到的工资只是名义工资，还有一部分奖励工资是由领导通过单独面谈的形式，交到个人手里的。"她说这一部分数额也不少，但是谁也不知道发给过谁及发过多少，同事们对此基本上都保持沉默，闭口不谈。她也经常和我聊刘娟。她问我对刘娟的印象如何。我说很好，对我很好，教我也教得很认真。她说："你太天真也太善良了，你以为她会一心一意地教你，会全心全意为你好吗？怎么可能呢？你被人利用了。你不知道便罢了，为何还要傻傻地对外宣扬人家的好呢？你以为刘娟真的想走吗？你知道她为什么迟迟不走吗？……"也许我当时真的就是被这一番言论和这一连串的疑问给惊着了。毕竟我不懂现实人生法则，刚踏入社会，正走在投石问路的初级阶段，对一切还很迷糊，处理事情依然在用最原始最简单的情感方式，去单纯地感受与回应。可以说，在那一刻，我通过感受得来的认知动摇了，我有些怀疑，甚至还有些气愤，感觉像是被欺骗了似的去看待刘娟。

我记得等到周一上班的时候，我就不再像之前那样热情地跟刘娟一起处理业务了，反而尽量与她保持距离。我想，也许她真的并非是我之前以为的那么好，也许她真的是在利用我或是怎么样，否则为什么王玉秋会那样说呢？可是到了中午，我又有些疑惑，因为我看见王玉秋主动去找刘娟聊天，并且她还很热情地邀请刘娟下班后去她家做客。这又是怎么回事呢？我想不明白。我不明白为什么王玉秋一边和我说刘娟的不好，一边又能同刘娟像闺蜜似的说说笑笑？我黑白分明的世界观，使我完全不能理解目前的这个状况。这个世界——这个似是而非的世界，这个不停更换多种面孔的世界，这个伪善的世界——这样的世界令我困惑，令我不能理解。

然后一连几天，我都非常烦躁，好像在短时间内突然领悟到原来这里的其他人也多如此，并且他们全都不以为意。我很苦恼，甚至是痛恨，为什么这世界会是这个样子的呢？为什么私下里狡黠地攻击他人人品、指摘他人是非的人，在逢迎着他所贬损的人时，又会迅即变更为另一副嘴脸呢？为什么表面上看着欢乐祥和、你谦我尊的同事关系，在看不见的地方又是那样的狼狈不堪呢？为什么人就不能光明磊落一些呢？为什么非要这样表里不一，这样虚伪呢？根据我以往的认知，人人不都是要努力去做一个良善的人吗？大多数人不也都是正义且良善的吗？不都是对一些恶劣的行径鄙夷和痛斥的吗？可现在这是怎么了？

我看不懂也看不惯这样的事，我本能地厌恶也厌倦这种人世，但我还要继续生活下去。我问安阳，为什么一些人总是那么虚伪，要人前一套人后一套呢？他不累吗？他为什么非得搬弄是非呢？安阳倒是颇不以为意地回了我一句：谁人背后无人说，谁人背后不说人。她说世界到处都是这样的，习惯了也就自然了。尽管我不同意安阳的看法，但也无可奈何。

只是我愈发讨厌王玉秋了，不仅因为她喜欢在我面前烂嚼舌头说这说那，更是因为我发现她居然诓骗了我。单位的交通卡由我保管，用于日常办公室里的一些人员工作上的出行需要，每月是有一定额度的。但是周五这天我们一起从仓库回来后，她说她还有别的事情没有处理完，所以又拿着交通卡走了，一直到周一才归还给我。后来我发现里面竟少了好些钱。我知道她是在周末家庭出行的时候用这个卡了。尽管在我保管期间领导没有查过这个卡的余额，我也避免了被领导批评的后果，但在我心里记住了王玉秋，我打心眼里不再喜欢她。我觉得她做人做事不够光明磊落，假公济私，我厌烦她，我仿佛觉得世界不好的风气就是她这样的人给带坏似的，我把她视作眼中钉，有种欲趁早拔除而后快的冲动。

又过了几天，领导把我叫到办公室，并对我说："我认为你学得差不多了，准备让你全面接管财务工作，你有信心吗？"我很干脆地回答："有。"他说："你知道刘娟为什么要走吗？知道我们为什么不留她吗？"我摇摇头。"我需要一个头脑灵活的人，她太死板了，所以当她提出要做会计时，我没同意。其实那个杨莹也不行，但比她要好一些。你好好干吧，以后那个主管会计我们也打算不用了，只用会计就行，我觉得你能做好，好吧？！明天你就全面接管过来，没问题吧？"在那一刻，我对这个世界及对这个世界上的人的不解与憎恶，似乎一下子被某种光顾于我脑中的美好祈愿给冲淡了。我不再纠结，不再怨怒，不再吹毛求疵般愤愤地盯着外面的世界，而是将心收回，将眼睛收回，抛开一切似的一心一意地谋求自我的发展。

所以我又变回了原来的我，专心致力于自我事业的我。所以世界还是那个世界，只因我的好心情，只因我注意力的改变，曾经干扰我的、现在依然存在的一切被我暂时忽略掉了，所以我们又相安无事了。

尽管原本引发我产生卑微感的社会现实并未改变，尽管促使我对此世界产生憎恶的外部现象依然存在，由于生活中其他事件的穿插与干扰，我关注的焦点在无意识下早已由一个问题转移到另一个问题，我也由一种状态自然地过渡到另一种状态，继续为自我的事业奋斗不止。而那些短暂出现在我心灵中的悬而未决的问题，却永远地被留滞在我心灵中的某个角落。我不断地向前走，类似的、一些未曾得到解决的新的问题也会继续与我逢迎又再次被我滞留，直到它们蔚然成风，迎向我此后生命中的每一天。大多数人也皆是如此，所以我们会觉得越活越累，越活越不轻松，又越活越糊涂。

我很顺利地接管了刘娟原来所负责的一切工作。我希望如同自己所期望的那样，能够在最短的时间内学会有关会计的全面知识，因此我每天都勤奋而热情地工作着。我总是第一个到单位，月末出各种报表的时候，我也总是第一个做出来。而在工作不那么忙碌的时候，我就会翻看以前的各个时期的会计凭证、会计报表。我注意到了变更主管会计之前与之后的账务处理的细微不同之处。而在这时，我也发现了单位其实有两套账的事实。

在我以后的人生中发现，这世间表面的、光明正大存在着的秩序与规则是一码事，人们所具体执行的规则与秩序又是另一码事。明文规定的制度、规范被如此对待，有时是执行的官员私自作弊，有时是百姓有意逃避，更有时是两者互相勾结。道德文化亦是如此，人人怎么共遵标榜是一回事，自己怎么做又是另一回事。在这里我们且不谈是非对错，且不论立场不同，是非对错的结论亦会掉转的情况，单单说在这样的一个模棱两可的世相里，任何一个新的介入者，不管他曾经知识多么渊博，道德多么高尚，除非他是一个绝世的睿智之人，从一开始就看淡这世间的一切诱惑，包括金钱，包括荣誉，包括仕途等，从一开始他就做到绝不有求于人，也坚决拒绝他人的请托，从一开始就心如止水，对这个世界无欲无求，从一开始他就不怕会失去工作，不怕会被接二连三地炒鱿鱼，那么他才有可能十分清白地超脱于这个世界。否则的话，要么他或轻或重地成为一个愤世嫉俗者甚至厌世者，要么他就会稀里糊涂地或是主动地与这世界同流合污，成为社会的又一个小小的同谋者。细思一下，有时觉得人真的很无辜，谁刚开始不是一无所知的呢？又有谁不是被周围环境灌输了认知世界的理念呢？特别是当初学校给予了我们有关这个世界美好阳光的整体印象，令人拥有了一套最初的判断是非的标准，可一旦某一天，当他发现，真实的世界并非是他一直以来所执着认同的干净有序的世界时，当他愈发察觉现实竟是如此的鱼目混珠、如此的混乱不堪、如此的相悖于心中圣洁的世界理念时；当他依着自己的理念在现实中处处碰壁、难以为继之时；当他看到身边所有的人都在为生活圆融地与这个世界相处，不再钻牛角尖，而最终两相舒坦两相释然后，他又能怎样呢？他还能怎样？

我又能怎么样呢？我是天地之间一个普通又弱小的存在，我要生存，我要尽量生活得好一些，我要从这地下室搬出去，有朝一日就像那些住在高楼大厦里的人一样，所以我就要好好地工作，好好地听领导的安排，争取能够在公司里做到较高的位置，赚到较多一点的钱。所以当整个行业都如此行事的时候，我又能怎么样呢？

所以人世间有很多再也明白不过的正确的道德观、正确的法律条文及正确的理念摆在那里。所有人都听说过，所有人都知道。

所以这世界会有那么多的人祸，会有那么多冲撞道德、冲撞法律的人，会有那么多不如意，那么多混乱……

尽管如此，我记得有一次趁着向领导报送报表之时，我还是忍不住问了一下我们的领导，这么做合适吗？领导的表情我至今记得，那是一连串的思想活动，起初复杂而后诡秘，随即仅是漾开一个轻松的笑脸。他说："小杨，你还小，有些事情你还不懂，不过慢慢地你会理解的。现在你只管多向刘娟、杨莹学习就好了，她们都干得很好，都在各自岗位上干了很多年了。"

领导的话永远是那么意味深长，说了些什么，但又好像什么也没说，不过有一点确定无疑，我从领导的话里得到了这样一个信息：这是很正常的，其他的人也都这么做，包括管理我们的那些人，并且我们也都有办法让彼此在面子上都过得去。

于是我也就这么自然地、甚至不为我自己所察觉地实现了这一转变：由厌倦这样的世界，到为了生计部分地与这世界合作。

是的，部分地，至少我没再因这一点而去指责这个世界。

其实我也本无意继续纠缠这个世界的种种瑕疵，我不过是个小人物，也还是个孩子，偶尔发现了一些违背我一贯的认知理念的事情，我会怒斥它；偶尔我也会被别的事情所吸引，心思忽地又转向了别处。我还没有形成恒定的人生理念来指导我去适应这个世界，也不会因某些问题而由此及彼、深入全面地去思考现实，从而得出某些有助于我适应这个世界的感悟。我此时还仅是一个年龄不小的孩子，只会朝着我感兴趣的及我想要去做的事情而去。我不太会顾及周遭的人和事，还是会像儿时那样用直观的感受去接收一些信息，用直白的情绪应对一切事情；还是会被火一般的想要证明自我能力的热情催促着向前。一句话，我还是以感性的方式与这个世界沟通并相处。

我努力地工作，甚至周末我也愿一个人待在单位里干点什么或学点什么，而不愿和安阳出去玩或在宿舍里睡大觉，我总觉得那是在浪费生命。因此，工作对我而言，与其说是我的热爱，倒不如说是我希望在工作上能做出点成绩，以此来证明我的能力。我渴盼的是一种事业的满足感，那是证明自我不同凡响的一个极其鲜明的标签，就像我小时候所崇拜的大侠，因拥有令无数同仁膜拜不已的武功，而最终奠定了他在江湖中的地位。

我也不再有什么远大理想，我的理想切换为当下更为实际的目标，即希望自己能在最短的时间内学会会计的所有工作，能够成为一名真正的会计，而不是现今的小小出纳。或许某一天，当我确实有了不错的能力与水平时，我还可以选择一些更好的企业为之服务，而不是长久待在现在的这个处于地下室的小公司。当然这是我更远一些的目标了。

我心存着这些小小的目标奋力工作，大体上工作还算顺利，除了偶有的那一次。一位同事一早从我这里支了现金，说是要垫付什么活动经费，但是临到上午快下班的时候，他又赶回来，将我给他的现金全部退还回来（他是这么说）。他说我给他的钱中有两张假币。如果不是的话，他是决计不会回来再向我索要的，并且发誓以他的人格作担保。当他一说到以人格作担保的时候，我就相信了他。我想，可能是我工作失误收了假钱然后又支给了他？我本来就是一个心怀着江湖气息的孩子，我以江湖的准则要求这世界，同时也以这准则要求我自己。我垫付了这两百元。我没有多想什么，我也没有钱，于是我只得向领导提前预支我这月的工资。

领导没有同意提前预支工资给我，但他给了我两百元。他说，这算是公司资助给我个人的，他让我以后用自己的努力回报给公司。同时他又建议我说："一个人拿着钱出去了半天，再回来时你怎么能确定那钱就是你支给他的呢？这种事我建议你以后尽量不要往自己身上揽，你说呢？"

我没有想到领导竟会如此处理，尽管我明明白白地知道我白得了两百元钱，我赚了，而且领导的建议也确实有利于我个人，我该感谢公司，感谢领导。可是我还是不明白为什么会是这样？处理问题时，我们不是该把事情的原委弄个一清二楚吗？不该把是非道义分明白吗？即便事情确实无法清晰还原，就像这次事情，我们不也该赞扬敢于承担的一方或充满正义的一方吗？而这世界为什么好似一点都不在意这些呢？我在心里纳闷。

我迷惑地看着这个世界，我不解，我只能留心去观察它。

办公室里通常都静悄悄的，每个人都忙碌着各自的事情，然后下班回家。这个世界好像不存在什么是非纷争，也就没有什么正义与邪恶，似乎也不存在什么好人与坏人，他们似乎只是这样安然地生活着、工作着，无须多言。

这个世界好像就是这个样子，这个世界好像与我小时候仰望过、想象过的世界确实是不同的。我原以为这世界是很江湖的，有仗义之事与义气之人，好恶正邪各自鲜明地存在着，还有公正的审判者在那里为每个人评定判决。在这样的世界里，绝大多数人都是善与正义的化身，他们也都可以随时随地做公正的裁判者，他们一身浩然正气，大多都爱憎分明、疾恶如仇，也正因为如此，一切丑陋狰狞与卑鄙邪恶在这个世界里均不得善终。当然我没想过为什么在这样的世界里竟然总有灭不尽的恶存在。我只是依稀觉得我们需要先战斗，就像电视与电影中的情节，混沌江湖必要经历一番惊天动地的争战，一番斩妖除魔之后才能安享太平。

孩子之所以为孩子，是因为在他的脑海里可以同时存储各种千奇百怪的、互相矛盾的思想片段，因为他不做深入思考，不会整合思想，不必碰触现实，他不必经历任何臆想中的乐趣的幻灭，所以他是快乐的。我那时的思想境界差不多就处在此种水平，只不过我与现实之间已不再拥有大把时间可以用作缓冲，因此我必然是要痛的。

我观察他们，好像每一天都如此寻常，就只是生活与工作，匆匆忙忙，一天又一天。每天早上，大家三三两两地在八点之前到达单位，报到。开个简短小会，领导提问题，他们各自记录、反馈，然后业务员便闹哄哄地一齐闪离。随后是我们的王经理，他吩咐完一些事情，再四处查看一圈，确认无事后也会离开。王玉秋说他还是本地区另一家公司的代理人。所以九点之后，大体上就剩下我们几个固定坐办公室的人了。我们的另一个领导张经理，他也不常来，据王玉秋说，他其实是在某一单位供职的国家公务员。

世界原来是这样的，难道那些关于善与恶、好与坏的定义仅是传说？艺术作品有意杜撰出来的产物，确实不存在于生活之中？而生活其实就是很简单，为了生活而生活，真的再没别的什么了。我渐渐也适应了这样的生活。

有时当我从繁忙事务中抬起头，当我望向四下静悄悄的办公室，看着那些低头正忙或是三两闲聊的同事，我还是会有种错愕的感觉，这世界真的就是这样的吗？我们真的就是如此吗？工作是为了生活，生活就是为了延续下一代，并保证自己能够衣食无忧地走到生命尽头吗？像我们这些普通人就是这样的？那些关乎人生的大道理，那些关乎好与坏、善与恶的事情其实并不存在于我们的生活之中？我们就是一些小人物，小得只顾忙碌自己的营生就好了，小得不敢多言自我的任何事情，小得根本无须分明自己生活中素有的一点自私、一点狡黠与一点善心，仅把它们模糊处理即可，更不必在意或过问什么国家、人生那样的大道理。我们就只是能够走到哪一步就算哪一步吗？

　　这样的想法总会在不经意间闪现在我的脑海里，但不过也就是那么一现，片刻我会有那么一丁点儿的失落，随后也就没什么了。也许心里自我安慰：不都是这样吗？就像成长是踏着别人的印记一路走来，我们的生活也将步着别人的后尘一路而去。不都是如此吗？人生就是这么一回事，只有个别大人物能够引领时代，为我们指点方向，他们的一招一式牵动着全世界人的神经。其余的我们不就是只过好自己的生活，守着自己的命途就行了吗？还能怎么样呢？我们无须昭告天下我们的一些小行动与行为，也不会有人时刻关注我们，除了闹出点大的事情定会博人一顾之外，我们各自不过是自由而寂寥地活着，所以又能怎么样呢？

　　外面的太阳还是那几千年前的太阳，天地还是几千年前的天地。有那么一个时刻，世界在我周围静谧得连我自己都感到沉闷。

　　毕竟这世界不是如此，正如人心隔肚皮那样，世界那么多立场不同、心思不同的个体生活在一起，又怎么会其乐融融、亲密无间、永远合拍、你侬我侬呢？

　　最多不过是，为了避免尴尬或矛盾升级，关乎彼此之间的利益的问题，我们在公众场合都有意回避，而由这样的原因所营造出来的静寂总也不过是一层窗户纸的厚度。

　　我们在同一屋檐下，天天见面，彼此之间会有许多利益纠葛，或是看不惯的地方，为了不明面上撕破脸，令彼此都难看，一切还是转入地下为好，人一样可以不动声色地达到自我的目的。同样，既然同处一室，又总不能怒目相视，天天跟死敌似的，那样闹对谁也不好，所以还要说话，还要打招呼。所以我们常常拿一些无关乎对方的话题，来融通彼此，我们大谈特谈，我们各抒己见。尽管谈论过后，哄闹过后，我们会当作无事发生。本来事不关己，不过为了聊天而拿它们来当素材的。

他们也如此。他们聊，聊某个天性邪恶的坏人一连杀了几条人命的事情，或是某某电视剧里刚播的哪个恶劣婆婆或是坏儿媳妇的事情，等等。我聆听着他们的谈话，发现他们经常也会愤怒地指责某某人很坏很坏，没有良心，也会在听到一些善心的举止时说谁谁是好人，或者说，还是好人比坏人多一些。这个时候，我总是有些迷惑，他们为别人定义好坏，而他们自己是好人还是坏人呢？他们扪心自问过没有呢？他们在私底下尽说别人的坏话，总是暗地里诋毁别人，不让别人顺遂，或是眼见着别人不顺而自己暗暗得意，他们难道不知道自己的所作所为吗？在我的眼里，这样的人就是坏人，心眼坏。王玉秋就是这样的人，我讨厌她，连同身边的这个遮遮掩掩阴晦虚伪的世界，我也十分看不惯。

如果彼此之间确曾有过小矛盾，为什么不能把问题摆在桌面上当即解决？为什么非要私底下互相攻击呢？为什么明明自己对他人抱有恶意，却还要表面上装一副与人友善的姿态呢？为什么不能坦诚地面对他人和自己呢？又是为什么见不得别人比自己业务能力棒呢？本来很好的世界，我们自己本也可以做个谦谦君子或是一身浩然正气之人，为什么非要随波逐流将这世界整得乌烟瘴气，浑浊不堪？我决定从我自己做起，做一个身心纯洁正直的人。只要每一个人都努力向善向真，何愁世界不是每一个人魂牵梦萦的洁净的乐土？只要我们不包庇、不纵容那些心怀恶意的人，只要我们敢于检举他们，与他们战斗到底，将他们要么彻底改变，要么彻底消除，这世界不就永远明丽干净、和谐如初了？

我决心从我做起，从那一刻起，只要王玉秋在我面前叨叨这个不好或那个有毛病，不管什么场合，不管我们身边有谁，我都会直言不讳地呛她——你为什么不跟他说呢？你可以建议他啊，你跟我或我们说是没有用的。我希望通过这样一种方式能让她改掉自己的坏毛病。那段时间是我最春风得意的一段时间。领导不时地会在所有员工面前表扬我，我也总是把各项工作在规定时间内做好，还会积极地去做单位里的其他零散的工作。我追求事业的满足，我的心里像燃起了一盏明灯，跳过生活的寒微，直照我臆想中的定然有一番成就的未来。此时我充满干劲，有无限的力量，我要去征服、改变、创造。王玉秋在我说过她大约两次后，没再在我面前唠叨谁，她再也不愿和我说话了，不过我并不在意。眼见着一切都如我所愿，我心里暗想，世界果然是可以改变的，只要我们愿意努力去改变它。我们也可以改变生活与工作的心态，无论怎么都是过一天，那为什么不能积极主动、充满乐观地去面对它呢？

我不能理解这里的一些人，似乎他们心里的确承受着什么，不时地会长吁短叹，抱怨些什么，在工作中不见得他们有多么积极与努力去试图改变什么，照旧应付工作，一副挣脱不出却又百无聊赖的样子。

为什么会这样呢？他们难道没有梦想吗？难道没有目标吗？我问安阳。安阳从来也都是如此，安于现状，懒懒散散，工作之余只想着吃和睡。我问她为什么不多看点书呢？安阳说，她从来不喜欢读书。她说，她觉得这样的生活挺好的，自由自在，除了住得不好之外。她说，不过也无所谓，这里又不是一个长久的住处，只是一个临时的落脚点，她说她待够了就会回家结婚嫁人的。

那时我是不看好安阳的，觉得她太懒散，生活没有目标，活得太平庸，人也很单纯，没什么想法。有时我又觉得，她好像有很多故事，并不是我以为的那么单纯，尽管我们俩一起出去玩或一起做某件事情时，绝大多数时候她都听从我的安排。

日子就这样一天天地滑过，日复一日间人很难发现生活有什么变化。时间一长，那细碎的、不易被察觉的微妙变化，会一点点地积聚为一个大的变动。那时便是季节转换，那时便是时势人情，是另一种局面了。

我不知道从什么时候起，办公室里的气氛开始不对劲了。当我有所察觉的时候，事态已是不可调和了。王玉秋自不必说，她近一段时间对我总是一副冷淡的样子。她和刘小燕经常在隔壁的办公室里窃窃私语，好似有意要说给谁听，但好似有意不让谁听。起初，我还不怎么当回事，我从不觉得自己做错过什么或是对不住谁了。可是慢慢地，我听出来了，也看明白了，她们确实是针对我。特别是那天当她们谈兴正浓，杨莹也有意避开我而加入其中的时候，她们说笑得更加热烈，她们讽刺得更加外露，她们更是肆无忌惮，得意开怀。这时候，任我再傻再不在意，我也不会不明白，她们说的就是我。她们说我傲慢，路还没走几天就想着跑；说我应该撒泡尿照照，看清楚自己到底儿斤几两；说我屁股都还没坐稳，就想着称霸天下。一时间，我不知所措，心口窝儿堵得慌，气愤、恼怒及屈辱一起袭来。我不能自制地奋力还击了，可惜我词不达意。可惜那时的我头脑太简单，又经别人这么一刺激，我原本也许还占理，但当时却由于盘踞的一腔怒火与被侮辱欺凌的委屈，仓促之间什么都记不起来了。我噌地站起来，强抑住颤抖不已的身体，走向那个办公室。我指着王玉秋说："王玉秋你太坏了！""我坏？我怎么坏你了？倒是你干的那些事令我们都不痛快。你不坏吗？我们怎么都看不上你呢？你倒说说看啊！……"王玉秋一拍桌子站起来，便连珠炮似的数落我个不停，杨莹与刘小燕则在一旁仅是象征性地说了几句别和我一般见识之类的话。我愣在那里，什么都说不出也答不上来。安阳听见我们的吵闹声后也过来了，她推搡着我，要把我推回我的办公室。我赌气似的硬拧着不愿离开，我想反抗、反驳，但我却一句话也说不出来。我被推进了办公室，我气愤、委屈、浑身战栗。安阳也没有对我说什么，我仅是听见她对王玉秋说："都消消气，有话好好说。"便回了自己的位置。

怎么会这样呢？那个下午我在单位里坚持到了下班，但我知道那些时间我都用来洒泪了，我没有心情去做别的。我委屈得很，不理解为什么这个世界会这样？

伤心，委屈，难过，终于熬到了下班，所有人都如平常一般谈笑着离开了。我没有随他们一起走，一个人默默地留了下来。没有人在意我，或许也有人在意我，只不过我落寞的处境恰恰是他们所希冀的。安阳也不过是象征性地和我打了一下招呼便走了。

静了，四周的一切都静下来了。那时孤独也来了，安全也来了。当我确信周围再也不会有人关注我时，我彻底放下自己，任自己伏在办公桌上尽情地大哭了一场。

泪水携着悲伤，恣意地喧嚣、泛滥过后，也就再没有什么了，都随之褪去了。在平静的心情下，我意识到了自己存在的一些错误想法与做法。之前我不该那样对待王玉秋，我有什么资格要求别人改变呢？我没有资格也没有权利。人人都是自由的，我不该那样做。只是杨莹与刘小燕，我从没有做过对不起她们的事，为何她们也要那样对我呢？我不解。

很晚我才走出办公区，走向外面的世界，那时外面已是昏黑一片。幢幢高楼上唯剩零星的几家窗子里还透着点光亮。我恍惚地徘徊于小区的楼群之间，不想回宿舍，但也不知该怎么样，只是这样一圈又一圈地走着，耗着时间，逃避似的躲着什么。没有人给我安慰，我也无处可去。孤独的境况下，懊悔的情绪一波波袭来，我也禁不住一次次地泪流满面。当天深夜，也可能是次日凌晨吧，我才回了宿舍。安阳早已熟睡了，她睡得那样忘我，那样香甜，沉沉的呼吸声舒坦地回响在小屋里。我开关门的声响都没有影响到她。我想，在我来之前，她也是如此的吧。我们其实并没有自认为的那么重要——会给这个世界或是周围的人带点什么——其实什么都没有，我们太高估自己了。尽管当时我还是忍不住有些失落。

卧倒在床，眼泪忍不住再次袭来，混合着难过、懊悔不解。怎么变成这样了呢？我想不明白。

原本我希望自己能积极地参与这世界的进程，积极地成为它的主力军，可现在突然地、完全毫无预兆地被宣布出局，而那些我素来看不上眼的、行为不端的坏人，却摇身一变成了这世界的核心，怎么会这样呢？好人不都是支持好人、与好人统一战线吗？我们不也都是敬重好人、推崇好人的吗？怎么会这样呢？主持公正的那些正义的人呢？善良的人呢？

一夜无眠，在困境里找寻解答，在生的迷途里探寻出路，最终在天亮时分我拿定了主意：以后我不能再像以前那样自以为是地乱冲乱撞了。也许我真的不了解这个世界，也许这个世界并非是我以为的那个样子，所以我应该多观察。

一夜之间，我变了，那个曾经被热情所驱使、生活在幻想当中、对现实不加任何分析的女孩变了。她变得不再自我，不再只按自我的意图去行事，而是多少能够关注一点事实与现实，多少拥有了一点儿应对这个世界的思维能力，拥有一点儿人们常说的生存智慧，尽管这点儿智慧不过是一粒还未生根发芽的种子。

安阳早上醒来后，与我继续着平日里的谈话与相处模式，看似什么都没变，但我知道其实都已经变了，我无法欺骗自己。不然她为什么不问我昨天的事情及我昨晚的去向呢？为什么不给我哪怕一句的关心与安慰呢？她故作刻意的轻松，在那一刻寒了我的心，让我得知在这社会上，人我之间的关系已非同学间那般善良与单纯。她怕会触碰什么，便有意不与我同行，甚至到单位后她都主动避开我，唯恐我会再像以前那样没事的时候单独去找她。其实，她完全无须这么谨慎小心，这么战战兢兢，虽然我当前的境遇着实令人担忧，但我的尊严还在，我的傲骨还在，我怎么可能连累她呢？从我感到寒心的那一刻起，我就知道该怎么做。

杨莹、刘小燕也是如此，她们与我之间再也没有了往日的其乐融融的交谈。她们以沉默回应我，以冷漠无视我。王玉秋更是对我不屑一顾，她在单位里越发趾高气扬了。而我却似乎一下子被消了声，被罩上了一个莫须有的罪名打入冷宫，成了一个极不受欢迎的人，一个碍眼的存在。

　　祸不单行，我的工作也总是小问题不断，领导几次找我谈话，让我多花点心思在工作上，他意有所指地说。我才得知，原来我们之间的事情早已被捅到领导那里了，很明显领导也不站在我这一边，他对我也有些许的不满。

　　我本欲改变现状，现状没有变，我却落得了如此的下场。我内心栖栖惶惶，茫然地望着身边的这个世界，体会由它抛给我的看不见但严酷的惩罚。我在惊悸与苦楚之中再也无力去理会曾经的坚执，一心想着怎样才能快速地挣脱现在。

　　我想逃离这里，希望在别的地方重新开始，换一个圆融而温和的环境，不要这般尖锐与莽撞。我还有知识，还有傲骨，我还可以重新开始，我在心底里为自己找寻出路。

　　这需要时间，需要机遇。我明白，等待是必须的，忍耐是必须的。在这个陌生的城市里，一个孤零零的女孩没钱可为自己筹划明天，没房可用于收容自己，除了先暂时忍耐，她又能怎么办呢？

　　我没有选择立马辞职，但我选择了搬离宿舍。我不愿别扭地同一个害怕会给她带来损失的人同住在一个屋檐下，不愿让她痛恨我，不愿再招致她对我的厌恶之情与排挤之心，我还有我的尊严，我知道该如何做。我搬到了我的一个要好的大学同学那里。

她叫陈静，她专升本落榜后，外地的家人帮她在本地的银行谋得了一份不错的工作。毕业几个月以来，尽管在同一城市，我们却各自忙碌，始终未得空相聚，不过是偶尔短信联系一下。

　　陈静的宿舍离她单位不远，是那种酒店公寓型的住房，干净又舒适，在十七楼，站在宽大而又明亮的落地窗前就可以观览大半个城市的风貌。陈静说，这个房子原是她同事购买来用于投资的，也就是以现行最流行的一种以租养贷的方式，与酒店签下租赁协议后用于酒店经营，然后用出租的租金归还银行的贷款。几年后，这个仅付了一点儿首付款的房子就完全归这位同事所有了。她说她的同事几乎每人都有几套这样的房子。只是这一套碰到了意外情况，她说，这套房子的租赁协议还未到期，酒店却已关门，恰在这时她和另一个女孩被总行分派到这里，所以她单位领导临时起意，与她同事互相商量后以双方都能接受的优惠价格出租，供她们新员工住宿用。否则的话，陈静说，她必须每天起早贪黑地往返于总部安排的宿舍与她的支行之间，坐公交车至少需要四十分钟。陈静很平常地介绍着她这里的情况。在学校里，我只知道陈静的家境比较富有，她的吃穿用度和我完全不在一个档次上，这并不影响我们之间的友谊，我欣赏她的才能及积极向上的品格，至于她在物质方面的富有，我相信待毕业后我也一定会通过自己的努力获得，所以我不把这些当作一回事。而我的学习则常引来她无限的歆慕，不过，这都是那时的事情了！此时，陈静闲谈似的聊着这些，她不知道我心中的滋味。她不知道那时被我看轻的世界、快意的人生，现在正以某种我所不能理解的形象与力量压制着我，压得我喘不过气来，压得我直想逃脱；她不知道过往我自己虚幻的想象及单薄的经验所膨胀起来的强大自信，现已消失殆尽，我已经感受到了自己的弱小，感受到了这世界的强大；她更不知道的是，我不仅已走出了幻想，无比痛苦地看到了现实，看到了此刻我们之间的距离，看到了这距离必然会愈拉愈大的现实……我知道，她现在会收留我，和我对等地交谈，纯粹是出于一颗还温热着的、顾及昔日同学之情的心灵，但在以后……我不敢想。我惊弓之鸟般受伤而敏感的心灵，一方面既渴望被温暖、被慰藉，另一方面又害怕再受伤害。

陈静说，她的那个同事一般不回来住，她和她的男友住在一起了。她说她同事的男友很有钱，据说是家族企业，每次来接她同事下班时开的车都不一样。陈静带着艳羡的口吻聊着她的同事，我附和着她，倾听，再倾听。她不知道我也在艳羡她，我艳羡每一个还有追求的人，至少他们的面前都还有路可走。

可我陷落了，迷惘了，我好像看不到自我，也找不到自我了。我所坚持的似乎都是错的，我对这个世界的理解似乎也是错的，我做事做人的所有标准好像也全都是错的。那我还有什么呢？工作吗？我是初学者，是完全可以被取代的。没有我，公司照常运转。那我还有什么呢？我什么也没有了。思维的大厦倒塌了，若干年所学的知识随之也消散了。梦想幻灭了，还能怎么样呢？

不过是拖着虚浮无力的身躯惯性地活着，不过是求生的本能还在紧紧抓着我不放，令我一时没想起别的可能性。

我没有把我的事情说给陈静听。我向来是一个对外只展现阳光一面的人，只把伤痛留给自己，我希望自己可以一点点地将那些痛慢慢地消耗掉。

白天我还去上班，仍旧在冷冰冰的环境里工作，没有人肯理我，安阳也懒得和我再搭哪怕一句话。似乎也是缘于我的离开，安阳和王玉秋她们之间的一道或可产生问题的屏障被消除了。现在她们沟通无碍了，她们彼此都放心了，都会意了，她们的关系似乎一下子亲密了许多。我看见她们中午下班时分总是欢笑着一起出去，又开心地一起回来。

我被晾到了一边，一个只剩我的世界。这就是和平年代的战争？我自问。没有战火，没有硝烟，但其惨烈程度对于伤者而言却更甚于战争对于肉体的伤害，因为后者对内至少是为理想而献身，对外至少还被赋予某种荣誉，他们的残损与陨灭是一种壮美的悲情。可文明世界里的这种战役呢？无声无息地进行着，外人无从知晓，外在丝毫无损，但却有人因此而疯狂、抑郁、崩溃、选择自绝。我就是其中的一个。

一个人说，别以为自己多么重要，没有你世界照常运转。另一个人说，既然你觉得自己厉害得不行，那干吗还要窝在这里赖着不走呢？……随后常常是一阵哄堂大笑，那笑中有轻蔑，有驱逐，也有附和与盲从。

我不怪她们，我只怨我自己，我知道都是我的错。如果再重来一遍的话，我是决计不会让自己再犯这样的错误。可是我没有再来一次的机会，她们不给。于是我唯有自责，只剩自责。

一套随生而来、由环境所填充给我的思想体系被证明是错误的，一套我赖以生存、唯通过它才能演生出一系列做人原则及判断标准等的思想体系被证明是错误的，那么我还有什么呢？我的工作又是人人都可以做的，那么我又有什么价值呢？我活着有什么意义呢？多一个我或少一个我又能怎样呢？

信念崩塌了，意志力也就无从谈起。精神的原野上一片荒芜，什么都不足以仰仗了。生命失去了支点，飘忽着再也寻不到自我的所在。

我承认在那段日子里，我不止一次地想到过死，一个自觉是一无是处的人，一个自觉没有现在和未来的人，想到死应该是很自然的事情，最终我没有那么去做，我知道至少这具肉体对我父母来说还是很有意义的，我不希望把这种毁灭性的感受再连带给年迈的父母。因此我还存活着，落叶般地飘飘荡荡，等待着如风一般的命运为我安排归宿。

上班是被隔离的孤独，下班是无所依着的孤独。在我目前走过的生命里，生活从未像现在这样令我感到恐怖，感到绝望，感到无所适从。有时我匆忙地行走在匆忙的人流与车流里，望向眼前的各色忙碌的身影，特别是正值当年的青壮年们及奋斗过的老者们，我感到他们中的每一个都是伟大的，而不管他们的生活当前处于何种水平，不管他们从事何种工作。

陈静晚上回来得都很晚，她有自己的事情和活动，很多时候都无暇顾及我的存在。我们还是同学，不过那只是发生在昨天的事情。现在更多的是她活在她的世界里，而我也活在我的世界里；现在更多的是，我单方面通过消耗我们过去积攒的同学关系来依傍她而生存。我是这样理解我们当下的关系的。当然陈静未必会这么想，但接受帮助的我不得不如此考虑。那些日子里，我经常一个人待在冷冷清清的宿舍里。我渴盼与人交流，渴盼能有人真的关心我，在意我，给我慰藉；渴盼每日熬过白日的封闭与孤独之后，在夕阳落下之时，在不被敌视、不被围攻的自由的夜里，会有一个知心的人同我交谈，带给我温暖；或者我们彼此鼓励彼此取暖也好，以共同面对生活的种种磨难。

我是孤独的，在现实的世界里，我一无所有又一无是处，所以我把自己掩埋于网络之中，希望在这里能遇到一个懂我的他，一个在以后的岁月里可以携手并进的他，而那个他也会永久地将我守护在他的羽翼底下。他会懂我，会理解我，会呵护我，他会带给我安全感，让我永远都不再受伤害。

我在寻觅中渐渐地理解了那个以往我所不能理解的词——恋爱。我记得在我高中时期，这个字眼曾一瞬间地掠过我的心田。那时，我恍然发现我的同学中有个男孩长得很好看，我很喜欢他，可那时早恋是被禁止的，那时我还有一点点的自卑（家庭、学习都不如人家），所以那个词在还没有实际发生作用之前，就被我悄悄地给扼杀在心底了。同样的情愫，在大学初期，在面对某个帅气的男孩的追求时，我也曾有过想实践它的想法，但同样也被我以家庭的原因再次否决了。再到后来，当最初对于恋爱无须理由的感性冲动被永久地抚平之后，当理性的思考渐渐作为自我行事的唯一准则之后，即便再遇到多么令我怦然心动的男孩，我在心里都会不由得冒出这样一句话：人为什么一定要恋爱？不恋爱不可以吗？为什么非要成双成对，一个人不也很好吗？我不想按照古有的习俗来安排我的人生。恋爱、结婚、生子，如此就好吗？长久以来，我不再将这个问题放到我的人生规划中去，在我的人生规划里，事业和梦想是我的全部。

可现在理想的热情熄灭了，勇武的人生失败了，当我向各方寻求关心时，我才意识到爱情与婚姻的价值和意义。在这个世界上，除了父母之外，在以后的人生里唯一可能与你形影不离、与你相扶相持、与你荣辱与共、与你不离不弃的人，便是与你谈过恋爱，由此走进婚姻，随后风雨同舟进而相伴一生的那个人。朋友显然不行，多亲密的朋友都不行。我急需找到他，憧憬着爱情和婚姻。我想，爱情应该就是无条件地给予对方的呵护与爱吧！他们应该就是我所看过的武侠世界里的唯美浪漫与忠贞不渝的样子吧！

平日还是平日，每一分每一秒都还是原来的样子；工作还是那份工作，可能带给我的机会还在那里，可是我变了。曾经在我眼里会带给我荣光、会助力我取得一番成就的工作，需要我充满激情全情投入的日子和工作，现在我已经消受不了了，甚至还有些害怕它们，想远离它们。我把生的希望寄托在了夜晚，白昼的喧哗和工作的得失，对我而言已经是无所谓了，不过是麻木地应对着、承受着。

我流连于网络世界。我在各个交友网站都留下了我的联系方式，热情地与每一个可能与我有缘的人交流着。我怕我会错过他，怕因我的不善言谈而失去他，甚至懊悔自己从未有过恋爱的经验。

我从生命状态的一极无法自控地滑到了另一极——曾经那个昂扬且积极主动追求未来的人不见了，取而代之的是一个毫无方向、毫无目标、茫然无措、空等明天的人。我把自己寄托给外部世界，等待命运的垂青，等待他人对我的拯救。在每一个无须上班的空虚的日夜，不是在网上回应网友的问题，便是在线下欣然赴约。

我成了一个等待被选择的人，被选中后方可有人为我指明生命的方向，方可有人为我提供安生之地。一个失去了方向的人，连自己都难以触摸到自己。

我一个人去见网友，可能自己已经顾不上理会去见网友存在危险。最初的几个网友，在我们见过面后，要么是不再联系，要么就是渐停了联系，我没有考虑过其中的缘由。我继续在网络里寻找他，继续在现实中去接触与验证。我见过一个已有家室的中年男人，他在网上隐瞒了自己的真实信息，我被他纠缠；见到过一个帅气的男孩，被人家无情地忽视。他们都不是我要找的，我要找的他，应该是喜欢并理解我的，应该是属于我一个人的。就这样我一边在现实中飘着，一边在网络里独自流浪，直到在网上遇到了张明。

张明比我大两岁，我们聊得来，说是互相聊，基本上都是张明说，我听而已。张明说，他在部队里做网络安全工作，已经工作两年了，他还向我提及他的军衔及其他的一些个人信息。我对他的工作及他的身份有一种天然的敬畏感，我知道我自己的状况，所以我不敢奢望什么，仅是把他当作普通朋友，通过彼此闲聊打发各自空洞寂寞的时间而已。张明向我要照片，我给他发了几张，他说他很喜欢，后来很多时候我们直接就视频聊天。他说他很喜欢看着我。我不做答复，心里暗暗欢喜，自己可以被别人喜欢，被别人关注。张明说，他的工作有时很苦，前段时间他们又在部队里封闭训练了一个半月之久，现在刚被"释放"，所以他此刻感到能在"人间"生活是这么美好。他无论如何都要利用好这段相对清闲的时间，好好地谈一场恋爱，他不想再孤单了，他父母也劝过多次了。他问我的工作，问我的作息时间，他说要是我和他能在同一地就更好了。张明是在我所在城市下面的一个县级市里，两地相距不是很远，但也不是很近，乘坐大巴车大约一小时。我很高兴他会这么说，我在心里想着，只要他是真心的，我会随时准备到他所在的城市再另找一份工作。张明爱讲笑话，言辞风趣又幽默；他还会画画，经常会在我们聊天的过程中截屏我的各种表情，然后再用笔画下来，通过视频传给我看。有时他心血来潮也会对着视频弹吉他给我听。

起初在我的眼里，我们是两个层级和两个世界的人，我喜欢他如同喜欢偶像，我不觉得我们未来会怎样。可是渐渐地，随着他说喜欢我的次数不断增多，随着他在我面前（视频前）总是花样不断地努力逗我开心，我开始慢慢相信，他所说的喜欢我是他真实的想法，况且他还是一个军人，况且他的样貌还那么憨厚与斯文，况且他也没有欺骗我的必要。每当我不那么确定爱情是否真的在向我靠近时，每当我极度渴盼它是真的，但同时又害怕它会倏忽消逝之时，我虚空的心不由得四处找寻各种证据，以巩固爱情就在我眼前的事实。我努力说服自己是在恋爱，而且被一个那么优秀的男孩子喜欢。

心灵有了寄托，心情渐渐地就舒畅了、释然了，我也不再觉得被同事孤立、嫌弃有多么可怕，有多么难以忍受了。我知道即便全世界都不待见我，至少我还有张明；有张明一人爱护我、理解我，我就已经很知足了，我绝不要求太多。张明和我每天什么话题都聊，他给我从美食讲到穿衣打扮。他说我长得好看，身材也棒，就是不太会搭配衣服。在他的影响下，那段时间，下班后，或在我们聊天之前，会刻意地自我修饰一番。我希望得到张明的夸赞，希望他更加喜欢我，我也时刻都等待着见面那一天。

张明跟我讲他高中时期被双方父母扼杀的初恋，他那时所做的各种傻事，他大学毕业之际被相恋四年的女友背叛的往事。他说，她跟随另一个男同学走了，只因那个男同学家境优渥，并且还答应给她找一份相当不错的工作。他说，这两年他把全部重心都放在了工作上，除了偶有的两次被父母逼着去相亲之外，他没有独自和任何异性接触过。我问他，那你是不是放不下你的大学女友呢？他说，没有什么放不下的，都过去了。他对我笑，笑容里流露出万事早已云淡风轻的豁达与释然。他问我的感情经历，我说我没有谈过恋爱，除此之外，我不知道我还该说些什么。而对于我的一切，张明也仅仅是知道我在一家私企做出纳而已。

还能再聊些什么呢？网络是比现实还要现实的地方，去除了各自不必要的伪装，省去了含蓄的拐弯抹角和人情世故。在网络中，人的一切缱绻的作为与深情的呼号，不过是围绕着自己各种实际需求而发出的告白。因此，如果需求得不到满足，如果满足过后不能另找到新意，那么彼此间毫无现实瓜葛的网络关系就此也就走到终点了。不会有谁为此而伤神，也不会有谁因此而对不起谁。一切都是自然而然的结局。

于我们两人而言，起初的新鲜感在我们日复一日的交谈中渐渐失去了魔力，不再具有推动我们继续聊下去的动力，彼此表层的探索已接近全面竣工，自然的结局由远及近在我们眼前日益清晰，是该决定我们下一步的走向了。是由网络走向现实呢，还是任其自生再自灭？

当张明提出要见我时，我有一种说不出的欢欣。他是认真的，我确定了。他说："你来吧，你来我这里，我带你到山上吃最鲜活最好吃的各种美味。我还会准备一大堆好吃的零食，这样你到我这里时，我们可以边吃边玩。"他说："要是你能来两天的话，我会带你游遍我们这里的青山和绿水。"

我去了，当然我只能去一天，因为我们每周只休一天。我没和陈静说我要去外地见网友的事情，包括以前我见的那些本地的网友，她也不知道。而陈静显然也顾不上我的事情，她最近一段时间，为了完成单位下发的任务，每天晚上都是很晚才回来，而且大多数时候还会喝得醉醺醺的。

她也不容易，貌似那些在我看来不管是金钱还是社会地位，他们都已然处于社会中等水平，他们的工作也不是很好干，他们的钱赚得也很辛苦。某种想法倏忽掠过我的脑海，但旋即又消逝。我寻找寄托的心灵令我无暇关注与顾及自身之外的其他事情。

曾经我们长时间地沉浸在秩序井然、规则简单、人情单纯的校园生活里，习惯于简单的生活和思考，我们自然而然地以为外面的世界不过是被放大了很多倍的校园生活。没有什么磨难是不可战胜的，没有什么目标是达不到的，只要我们怀揣永不磨灭的梦想，只要我们持之以恒，我们就一定能够心想事成。曾经我们恨不得快一点结束学业，早一点实现我们的抱负。可是现在……面对生活，我们只有一种说不出的苦涩。理想消弭了，意志力也瓦解了，我们一事无成，却还总觉得很累，很忙，也很空虚。

张明开着车去车站接我。他本人整体看起来比视频上显得更有魅力和亲和力。他对我很热情，嘘寒问暖，创造聊天话题。他说，他先带我到山上去玩，那里有好多好玩的和好吃的。他又说，沿途我们会经过本地的一些名胜景点，我不能在这里待两天真是太遗憾了，否则的话，他定要陪我逛个遍。他一面开着车一面和我聊着天，不时地会透过汽车的反光镜看我，我则有意回避着他的目光，扭着头向外看。我不知该做何种回应，我感到自己有些拘谨。我的家庭、我的工作、我的生活，基本是为谋生而奔忙，很少想如何将生活过得有滋有味，在舒适与享受方面做些什么。张明给我带来了生活的另外一种气息，这种气息是建立在富足优裕的生活之上的。要是以前，我是不会同意与这样的人交往的，我生活虽寒微，可是我有志气与自尊。现在不同，我已无任何信念，已无任何傲骨。我不过是一个寄希望于他人的失意之人，我仅求他能真的喜欢我，如他所说的那样就好。

一路上，他都在滔滔不绝地给我讲这里的名胜古迹和风土人情，他是一个很好的向导。临下车时，他问我下午打算坐几点的车回去，我说，尽早吧。他央求我，想我坐最后一班车回去，我同意了。我很高兴，这不就是表明他是喜欢我的吗？

我们一前一后地蹒跚在几近隐没且碎石很多的旧山道上。张明说，他喜欢走这条道，这里幽僻静谧，人烟稀少，更能感受到山林的乐趣。他说，他原本打算带我去另一个山头射箭，但转念一想我肯定会喜欢这里，所以决定带我来这里。这里阳光很好，光线穿越浓密的树林打在石阶上。陌生的友人在我前面踱着步。还有时断时续的、细碎清越的虫鸣及鸟鸣。树木花草带着大自然的芬芳洋溢在空气中，又沁入我的心肺里。一切确是真的，一切又似虚幻，这一整天似乎都在恍惚，而这一刻尤甚，失去了心智般地、木讷地等待着他人给予我的任何安排。

我们走累了，就一起坐在石阶上休息。张明有意拿起我的手来看，他说我的手指太粗了，绝对不是弹钢琴的料。他笑嘻嘻地望着我，同时紧握我的手。我没有挣脱，尽管这是长大以后第一次被男孩拉手。当然也没有什么感觉，如同我的存在那样麻木不仁。

我们一起吃饭，张明特意点了几个这里的特色菜，让我来尝尝这里的独有美味。他说，这里的菜品，任嘴再刁的人吃了后都会心满意足的。我向他笑笑，算作我的回应。我依旧没有说什么，既没有在他点菜的时候建议少点点儿，也没有在他点完后，向他表示我的感谢。我是一个失去了做事分寸与对错标准的人，几乎没有了任何自信。我在他面前尽量少说话，也许只是为了尽量地不露出我虚弱的内在，尽量地维护我还存有的一点自尊，尽量地掩盖因我们生活水平的差距而带来的一些心理上的自我施压？又或者，我仅仅是单纯地想维持我在他眼里一贯的形象？这样才有可能如他一直所说的那样喜欢我？当然也可能全部都有。其实我不十分了解自己，拿捏不准自己，或者说，我没有自己。如果说我的身体里还留有一点热情的话，我要用尽这剩余的能量，将我的希望全部寄托在眼前这个说喜欢我的人身上。

张明不断地给我夹菜、倒水，还讲各种笑话。饭后，他又陪我在山上玩了一会儿，就带我到他的家里去了。

说是他的家，其实是他们家的旧房子，他的家人已经搬到了另一处新房，这所房子是他的独居住所。我来的时候，张明并没有说要带我去他家，所以当他说带我去他家的时候，我很惊讶。张明说，他今天一早就来这里打扫了卫生，否则的话，到处都有灰。他拿出两大包零食，说是给我买的，要我走的时候带着。他拿出一盒威化饼递给我，要我先吃着，他再把卫生稍微整理一下。他说，今早上时间太紧张了，怕没打扫干净。张明自顾自地忙活起来，我便跟随着他走进走出察看各个房间。这所房子大概有一百平方米，三室两厅，是老式的户型，客厅显得有些小。所有家具家电一应俱全，应是搬家的时候全都没有带走。沙发是那种朱红色的皮质款式，两组沙发中间的拐角处放有一个花架，上面的君子兰依旧苍翠浓绿。墙壁上挂着一幅山水田园景物画，地板是纯实木的。整个房间给人一种庄重宁静又富贵的感觉。对于我来说，仿佛是一脚踩进了上层人物的家庭。我不由得去想张明的父母是从事什么样的工作，他从来没有跟我提起过……

屋子很安静，光线很好，张明忙活完了，随手将客厅的窗帘拉上了，他向我走来，一把抱紧了我……

我对男女世界的全部认知，这么多年来还一直停留在儿时所看的武侠片的层面上——那便是爱情，纯洁无瑕的爱情。而对于其感官的认知也不过是拉手与接吻，其余的我一无所知，其余的则是一片空白，好似一片沙漠。

所以当他把我抱到沙发上，把我压在身下，把他一直压抑着的雄性荷尔蒙转化为密集的唇吻发泄到我的脸上；当他的手情不自禁地在我穿着衣服的身上上下游走时，我是僵硬的，没有任何感觉，也不懂他在做什么，只是用眼睛盯着他，像是在思考他行为的确切意义，像是在观察一个突然间性情大变、无缘由冲动发狂的动物。或许他也感受到了，但他还是一时欲火难熄。他抬起来头看了我一眼，然后贴近我的耳边小声说："我想让你感受一下人间最美的滋味，好吗？"我摇头。"真的，很好，飘飘欲仙的感觉。"他还在说服我。我还是摇头，隐隐地觉得这么继续胡闹下去是不对的。

然后，好像片刻之前还在人身体里的一股火热的激情，瞬间就被冷却了，索然寡味。理性再次回归，于是人类的一切规矩礼仪再次附身，人又回归了原来的那个自己。他自己先起身，接着又将我扶起，用上午初见面时的那种温和而礼貌的语调问我，要不要再吃点东西？我摇摇头。再没有什么别的可说，再没什么事情可做。短暂的忘我再被初识的陌生取代，一种尴尬的气息蓦地升腾而起。张明看了看表说："时间也不早了，我送你去车站吧，早去一会儿也好，省得晚了。"我应允。

他把我送到车站，坚持要等到车来才肯走。他说："你一个人在这儿，多无聊啊，我陪你聊聊天也好啊，反正我回去也没事。"就这样，我们一直东一句西一句避重就轻地聊着，刻意避开那个话题，又刻意寻点什么其他话题去聊，直到车来，我和他挥手作别，目送他的背影离去。

这又算什么呢？会怎么样呢？我自问。没有答案。好像来之前的空虚未曾多一点也不曾少一些。

　　驶出市区，汽车脱兔似的疾驰在宽阔平坦的马路上，两旁的树木植被快速向后退去。风儿起，前方天边处，晚霞与夕阳交互映衬，一阵绚烂过后被黛青色的天空一点点吞噬殆尽。

　　又回到了原来的城市，熟悉的感觉，依然是原有的挣脱不出的沉闷气息。一个人独自溜达，一个人吃饭。其间，收到张明发过来的信息，问我到了没有。我一阵惊喜，赶忙回了他。这是自我们网上聊天以来他第一次发信息给我。我也开始边吃边细细回想今天发生的所有事情。他那样对我肯定就是喜欢我啦，我想，那我们还会第二次、第三次见面……我们以后定会在一起的，不是吗？我越想越开心，于是就想快点吃完饭回去上网，然后和张明畅聊一番。

　　快到宿舍的时候，我接到了张明的电话。我随手接起，快乐地叫了一声他的名字。我叫完他的名字后，他并没有立刻回应，而是短暂的一阵沉默，一阵即便隔着那么远的距离也绝对能感受到的冷淡的气流过后，他开口的第一句话是：幸好今天忍住了，否则不知要犯多么大的错误。然后是一小段无语的空白。我没有反应，说不出话，一切已是这样，我刚刚燃起的希望，如一只美丽的风筝从地平线上冉冉升起，就被骤然撕扯下来，撕得粉碎，撕得我失去了反应的能力。他继续说——最令他自己难以启齿的话语一旦开启，一句兴许连自己都有些看不上的推诿的话语一旦开启，后面的话就好说了，就容易得多了，怕别人指责或自我指责的压力就没有那么大了——他说他以后不能再这么胡来了，要收敛自己了，得听父母的劝相亲结婚生子了……

我听完他要说的，他再没有什么可以说的，当沉默完全取代试图推卸责任的借口和解释的时候，我挂断了电话。这一场交往算什么呢？那些喜欢的话语，那些柔情的关怀，那些日日夜夜相互的陪伴与诉说算是什么呢？一场骗局？我泪流满面。在你的面前，我本不奢望爱情，可当你一点一滴用实践向我证明我确实可以拥有爱情时，我也开始对此深信不疑时，你却又毫无感情地将我踢出局……这算是什么呢？爱情怎么也这样了呢？这个世界是怎么了？

我听见自己在心底疯狂地嘶喊，不抱有任何希望地嘶喊。我看见自己像一头失了控的猛兽在城市的人流中疯狂地奔跑，只管奔跑，直至筋疲力尽。

什么都没有了。什么都干净了。没有希望，也没有失望。我感到好像有什么东西从我的身体内部沉了下去，沉入了虚无，沉入到我所触摸不到的地方。

从前每当遇到挫折时，我总是第一时间想到武侠剧里的"置之死地而后生"的那种理念，然后大无畏地告诉自己没关系，我想即便某一天我真的不幸处于一种万劫不复的境地，我也定能凭着自己的毅力再度起死回生。可当那一天真的来临的时候，当我再也感觉不到自我的时候，我才发现，原来死了就是死了。死就是万念俱灰，死就是再没有任何信念，再没有任何思想，再没有任何能力与气力考虑自己或是周围的任何事情了。

我空了，完全空了，尽管肉体还是先前的样子，可是我已经不属于我了。那些日子，我看世界也觉得虚幻，周遭的一切仿佛都不真实，都似有若无、虚浮缥缈地存在着。那些日子，我好像又在某地存在着，一直定睛观察着实体的那个"我"，我看她行走、工作、睡觉，看她在公司被疏离，看她总是悄悄地一个人，看她木讷无助地应对这个世界。我在想，那个肉体就是我吗？就是我的全部吗？

人没有了自我，就成了无根的浮萍，生命完全听凭于命运的裁决。它把我吹向哪方，我就到哪方；它把我引向哪里，我就到哪里。如果前方再也没有了路，那我就被动接受停下来的事实。

我的事情发生过后没几天，陈静又发生了一件事情，那也是她最近一段时间忙碌的原因所在。一天上午，我刚上班没多长时间，就接到陈静的电话，她要我立马赶回宿舍，她要回家，打算辞职了。她的声音里夹带着颤颤的哭腔。我从单位很快回到宿舍，推开门的时候看见陈静正紧紧地抱着一个抱枕，有气无力地坐在床上垂泪。她见我进来，便起身一把抱紧我，伏在我身上边哭边说，她要回家，她没法在银行里继续干下去了。她说，今早上她一个客户的妻子来单位，对着所有人大呼小叫，说她勾引她的丈夫，说她不要脸。她委屈地哭着说，她什么都没有做，那个女人在银行里撒泼，隔着玻璃骂她并啐她。其实她和那个客户就是一般的工作关系，从没有发生过别的，她也从没想过别的。她说，仅是为了完成单位下发的任务，她找了他，而他也确实很帮她，给她介绍了不少客户，他们在一起吃过几次饭，但是都有很多人在场。她哭着说，她没想到会是这样……

我空洞的心触摸不到自己，便无法给他人带去一丝温暖。陈静走了，带着她的委屈回到了她温暖的家。我也走了。世界向我逼近一步，我就只能倒退一步，现在我已经无路可走了。我回到了我的家，人生起步的地方。曾经在这里我首次开启了探索这世界的进程，曾经我自以为是地看懂了这世界，曾经一度我还想要改造它，可现在完全被它打败了，感受到它威力无比、不容争辩，碾压一切异端。我怕它了，我怕这世界及世界上的每一个人，他们看似平常无邪的面孔藏着的东西都令我心生害怕，我也怕他们发出的任何声响，我惶恐得像穴居的动物，尽量将自己隐藏在一个幽暗的无人可及的地方。

世界再次变大了，我变小了，小得就像初生的婴儿，脑海里一片空白，没有先入为主的是非对错的概念。或者准确地说，现在的我还不如婴儿，因为他至少还有初来乍到的新鲜感，对这个世界有着无比的憧憬。当我被这个世界掳走最后一丝希望的时候，当曾有的自我被彻底击碎的那一刻，我就什么都没有了。

余下的生命到底该怎么继续，怎么过活，已经不再是我所关注的了。

可想而知，我给家人带来了怎样的打击与伤害。本来我是他们的希望和精神支柱，本来他们指望我为自己及他们黯淡的一生带来一点荣耀。可现在呢？我的世界塌方了，他们承受着因无助所带来的生存的各种压力。我记得，在我快要支撑不住的时候，父亲恨不得甩动他的皮鞭将我抽醒。母亲还好一些，一面每日烧香拜佛为我祈求上苍的眷顾，一面又对主动到我家向我宣扬耶稣基督的人不再拒斥，而是抱有一丝希冀。我是没有任何宗教信仰的。小时候的经历及后来多年的学校教育早已使我坚定地认为，这个世界就是我所看到的物质的世界，除此之外是不会有其他的。每当看到父母为我徒劳地做这一切时，身心俱疲的我还是会想到要尽快了结自己为好，自己已经是万劫不复了，就不要再给挚爱我的人增添任何的麻烦了。

找不到属于我的任何希望，那么苍茫的世界中或许真的不该再出现像我这样只会给他人带来痛苦、却无助于任何人与任何事的影子了。于是死不再是可畏的鬼怪，也不再是我一时意气用事的选择，而是经过深思熟虑的、对自己也是对他人最好的安排。试过各种我所能想到的离开这个世界的方法，只是都没成功。要么被及时阻止，要么就被及时拯救。

所以我还在这个世界上，不死不活地存在着。不死，缘于肉体的象征意义；不活，则是因为我依然触摸不到我自己，感觉不到我自己。我是一具失去了填充物的空壳，丢失了与这世界互动的能力，好像空空的过道，风从这里一溜烟而过，留不下一丁点儿影踪。

我就是从那时开始喜欢起雨的，特别是那个时节的雨。炎热的夏季午后，突然间风云骤变，乌黑的云层一齐聚拢来，黑压压地布满天空，仿佛黑夜提前降临。那时人们会鼠窜似的找地方躲起来，霎时天地间一片寂静。那时我会少有地走出家门，走进旷野，任凭片刻之后暴急的雨滴将我全身湿透，那时我才会有一点"生"的感觉。

人们的错误大多源于自己的信念，太过相信什么，或是太过不信什么，痛苦亦是因此而生。我们的视野局限于我们各自的认知。际遇是个奇幻的东西，在一切非人力所能主控的境遇里，它总能打破我们各自常规的人生航线，为我们出乎预料地安排另一种邂逅，从而改变我们原有的人生路径，从而提醒我们不断地反思过去已有的认知，从而在自以为是的固化的理念里，我们恍然发现了有关于这个世界的另一面……

就像命运的论题由来已久，就像意义的拷问绝非偶然，世间一切的存在自有其缘由。在人力所不能及的地方，我初次见证了天意的安排。

一个夏季的瓢泼大雨的日子，我一个人游魂似的踟蹰于村后的小道上。我不希望碰到任何人，仅是喜欢在这样的天气里释放一下自我。我这样的人更需要释放，被生活的皮鞭打怕了的瑟缩的、恐惧的心理，更需得到他者的抚慰。于我而言，这个他者没有比沉默不语而又无比包容的自然更为合适。它不语，供给我鲜活的空气，帮我驱尽一切无形的压力。它不会对我指指点点，也不会别有用心，更不会表示同情，仅是海纳百川般地接收我向它抛出的一切，又返还我宁静的心绪。那天，在这条泥泞的小道上，我遇见了许久不见的儿时同学。

她叫李艳，住在我们隔壁的村子。尽管我们两村相距不远，但这些年来，我一直在外上学，而她初中毕业后就打工去了，再加上我们也仅是普通的同学关系，所以我们并没有什么交集。尽管没有见过面，关于她的很多事情，我还是略有所闻的。农村就是这样，附近十里八村的，谁家有什么好事，不见得其他村里的人会知道，要是有什么不好的事情，消息总会不胫而走，传得天下皆知。我听说她工作没几年就早早地结了婚，之后不久，大约在她坐月子期间，丈夫竟出车祸身亡；再之后，年幼的孩子也不知得了什么病夭折了，她便回了娘家。之后就一直传她发疯的事情，据说她还被关进了精神病医院，但后来她则不知怎么又成了一位我们这里远近闻名的"神算子"。

"未知生，焉知死。""子不语怪力乱神。"在古代我们是如此对待它们的。那时我们还有最起码的敬畏，敬重天地，敬重人伦，我们还愿意悉听尊便。然而现在，当知识不再是少数人的专权；当各种偶像也被我们请下神坛，供我们观摩研究；当信仰不再，敬畏全无；当利益成为我们为人处世的唯一标准；当生存的压力、物质的竞争又不时地挤压我们，令我们为之不择手段；当严明的法律与一般的说教都已无力制止人们心中的黑暗之时。我们需要一种自上而下的、贯通一切的学问——告诉我们何去何从、缘何如此——来指导我们的生活。是时候不再回避了，是时候该以理服人而非用单纯的强制手段让我们服从了，是时候让我们直面一切并解决一切了。

李艳帮助了我。经历了命运的无常、世事的翻云覆雨，曾经无气无力过的心灵很容易理解另一个心灵。最关键的是，她愿意提供这份理解给我；而且她懂得不问我的过往，仅是单纯地用她的经历去鼓励我、开导我。

我在李艳的身上找到了依靠，我越来越依赖她、认可她。我全盘接受她说的那些道理，接受她奇幻的经历所带给她的那些人生感悟。这些感悟此刻也同样照亮了我。

她说，目前只是我的一段低谷期，过了这段时期，我以后就都会是顺利的了。

她说，我会重新开始的，只是目前还需等一个机会。

我带着一份忐忑与恐惧踏上了西行的列车。我明白生活最终还是要靠自己，没有人可以替代自己。列车一路疾驰向前，自然的美景在列车的窗口迅疾地闪现又迅疾地消失。车厢内是互不相识的乘客，彼此间少有接触，偶有的照面与闲至无聊时的搭讪，也都是各自透着最真诚的善意。有那么一刻，我多么希望自己可以一直这样在路上，不要停下来，不要让我再去碰触生活。

可我还是到站了，一个陌生的大都市。跟随着拥挤的人群下车，跟随着他们向前走，一直走。可是在叉口处，当如潮的人群一波波地从后面涌来，经过自己并超越自己，分别向前向左向右坚定地迈去时，模糊的前程令我感到一阵的心慌与恐惧，好像自己是一个跟不上大部队的落单者，一个彷徨无助者，始终有种怕被抛弃的畏惧心理。我在人群急切行进的骚动中停了下来，定了定神，从背包中拿出了我的路线图，那是我来之前丽丽姐提前让我记好的路线图。

真的，不得不感叹，现今社会的科技发展有多么神速。那是十几年前，大概二〇〇六年前后，那时我们的手机还没有像现在这么智能，一切事情凭一部手机均可搞定；那时手机有属于手机特定的功能，和电脑是完全分家的。现在回忆起来，真的有点像是在叙述发生在二十世纪的事情。真的，不得不佩服我们这个世界日新月异的变化。

　　还是言归正传。我换乘了三次车，终于在下午五点钟左右抵达了目的地——无论在规模还是在装潢上，都可用富丽堂皇一词来形容这家高级酒店，当然这仅是我个人的感觉。我给丽丽姐打了电话，她很快过来帮我一起办理了员工登记住宿等手续，她也带我到即将上班的温泉会所前台接待处溜了一圈。丽丽姐说，这边（前台接待处）的小姑娘每个月工资都差不多能拿到一万元钱，比她的工资高好多，她都好羡慕她们。她说，别看她现在已是一个部门的领导，在这里工作了不少年头了，但是工资还是没有前台接待处的高。她向我笑笑，同时用眼睛示意我，说不定我以后也会比她有钱的。我心头一惊，忙问她为什么不想办法调到这个部门来。她说，她还需要照顾家庭的嘛，那边的（她指前面大酒店）工作要轻松好多，可以有时间照顾家庭和孩子。我隐隐约约地从丽丽姐的话里听出了点什么，却不知该怎么回应她，所以我便一直沉默不语。丽丽姐身穿工作服，脸上化着淡淡的妆容，嘴里吐着标准的普通话，完全听不出一点家乡音。她是我们村第一批到外地打工的女孩儿，也是第一批在外地结婚又全家漂在外地的打工一族。我知道丽丽姐是在初中毕业后就和同学一起来到这个城市打工的。后来她还边打工边读夜校，接连拿到了中专、大专的学历。再后来听说她还找到了一个颜值高、学历高的男友，最终结了婚，一起留在了这个令所有农村人都艳羡的大都市，那时她还一度成为我和青青及村中很多孩子励志学习的偶像。可是现在，转眼间才几年，村里人都不再像前几年，一提起谁在大城市工作、谁有多高的学历就竖起大拇指赞叹，而更多谈到的是在城市里工作奋斗的年轻人是否有房、是否还是单身。群体的意识也在社会的发展变迁中慢慢地发生着整体性变化。

丽丽姐随后又嘱咐了我几句，便离开了。她说："虽说我只是一个引荐人，说真的，对你我并不负有任何责任和义务，但是我还是觉得有必要提醒你几句。小雪，在这里工作想赚钱其实很容易，尤其像你这样年轻又长得不错的。可是你一定要想清楚，你要的到底是什么。大城市里的各种诱惑实在太大了，千万记得不要做让自己后悔的事情，这个世界是没有卖后悔药的。"她说，虽说她现在的生活过得很一般，到现在也没有买上房，仍有各种焦虑，可是最起码她还有个安稳的幸福的家庭，她和她老公也都很珍惜来之不易的幸福。她说，之所以要对我讲这些话，也是因为前几年的经历。那时她还没有遇上现在的老公，因为工作的关系，差一点就被一些别有用心的人给骗到另一条路上。她说当时也是幸好有好心人指点了她一下，所以到现在，她都很感激那个好心人。所以她也要把这样的好心传递下去。她说："当然这并不意味着，你就一定要和我一样过这种'贫苦'的生活。"她说，她有个很好的姐妹，最后嫁了一个大款，生活得也很美满。"我说这些话的意思是，我们最好是走一条干净的路，你说呢？"她反问我。她还问我关于男朋友的事情，我说我还没有，她说以后要是有合适的话，她一定会帮我介绍的。

我意识到自己好似是来到了一个全新的、完全不同于我以往的世界，一个更为开放的世界。

在这里工作的女孩大都是二十四岁以下的青春女孩，多半来自农村，都不过是初中或中专毕业，但也有一些如我一般者，从某个不知名的大学毕业后，多方辗转，后来此就业的。我们混在一起，分不清彼此。唯有当深层的思维模式进入到我们的意识层面，来指导我们的生活及工作时，知识方能显示出它的独特。否则它也将如同某一项技能——肢体的能力——虚空而浮泛地加诸我们身体的表层，与我们有关，但关系总不是很深。而且那些没怎么上过学的女孩在时间的历练中，获取了某些丰厚的阅历，这些源自生活的阅历越是被较早地接触到，就越会被无阻碍地全盘吸收，就像无知的儿童比成人更容易接受某种新潮的思想一样。她们浸淫于世俗的长河里久了，自然就比其他的人更懂得这里的规则，也就愈发精明，这种精明不仅帮她们遮掩了蒙昧粗犷的人生底色，同时也给她们平添了一种生活的"自信"，或者说是一种能力，善于处世的能力。

我时刻感受到她们那强大的能力：她们能说会道，攻守兼备，婉转自如，脑筋转得溜溜地快，什么都丢不了，什么也落不下；她们精于妆扮，深谙时尚之秘钥；她们没有知识文化的装备，同时也就没有什么知识文化的负担。很多有知识有文化的人，也许是缘于一直以来惯于思考的习惯，又或是由于对自身定位的一种见解，抑或是对知识文化本身的理念认知，或是其他什么的。总之，在为人处世方面，不免会多思考一些事情。而她们则全无此顾虑，一切现学现卖，只要在她们自身欲望与代价的天平里一切是值得的，那么一切也就是可行的。

我眼花缭乱，无所适从。本来我刚要拾明白在一条小溪里如何生存，现在却恍然发现自己竟已进入了海洋。世界变了，思维模式变了，根深蒂固的风俗文化被打破了。一切都恣意张扬到令人瞠目结舌的程度。一时间我有些适应不了，尽管我知道自己必须要去适应。

　　二十二岁的小洁，打扮得青春靓丽，又长袖善舞，据周围的同事说她在老家其实已经结婚，但现在好像又和一位公司的上层领导存在暧昧关系，那位领导也是已婚。二十七岁的婧婧，据说原本做过坐台小姐，现在因为年龄大了，虽然花容还在，但过于精明圆滑，所以不再受客人欢迎，导致出台率越来越低，最后不得已转换了行业，来到了这里。二十岁的程程，外表素雅文静，平日里很少和大家一起集体出游，她没事的时候，更多的是窝在宿舍里翻看各种书籍杂志；她最引人乐道的是，动不动地就会玩一次失踪。

　　当然，大部分人都和我一样，带着一份出来工作的心情来到这光怪陆离的世界，耳听着和眼见着各种超出常规的、令人匪夷所思的事情，不免有些迷惑，也有些躁动。在这里，在这个以经济至上、以经济为标准将人划分为三六九等的都市里，金钱有着使人疯狂的魔性力量，因为人们只要有钱就可以高人一等，就可以睥睨众生，就可以在人前醒目而荣耀地存在着。同时，人们也同样发现，在拜金主义价值观的驱使下，有些人置道德于不顾，钻法律的空子时有发生……所以在这里，保守的人忍不住对放飞自我的人投去羡慕的一瞥，放飞自我的人又在自我的破碎与堕落的虚无中无尽地挣扎、幻灭……所以在这里，生活好像化作了一出出戏剧，形形色色的戏剧，有各种各样的选择，各种各样的道路，没有被严格限定的对与错，有的只是人前如霓虹般光彩绚丽的各种生活，魅惑般地吸引着人的视听，让人眩晕。

所以城市生活，尤其大城市的生活，很容易让人疲累，因为人心时刻被各方面的躁动所牵动着，不得休息。他会担心，他会害怕，生怕在城市发展的进程中他落下了什么，生怕再也赶不上。

我在最初的日子里，尽管发现世界早已非我曾经所认识的世界，可我本身却没有多大改变。我仅是带着一颗单纯的心，带着由昨日的经历所得来的反思，希望自己可以和这里的每一个人都好好交往，希望自己可以快乐地工作。同时我也在心底暗暗地祈祷，希望那个与我有缘的人快点出现。世界远在我的设想之外，我只是一个普通得不能再普通的小人物，就这样走一步算一步吧。

我观察她们，试图融入她们。我发现她们完全不像小城市里的人那样闭塞。她们不仅随时夹起烟卷很专业地在宿舍里吞云吐雾，而且随时准备穿上新潮的衣服到酒吧舞厅里狂欢。她们任性洒脱，想去哪里旅游，便放下全部工作，带上全部身家，请假便付诸行动。有时，她们也会为了成全自己的爱美之心，不惜远赴他国美容。而在大多数的日子里，她们则是身穿职业装，化着精致的妆容，一副干练的样子，在前台处营销宣传。

我们的工作表面上是负责前台接待，实则最关键的任务是对外推销消费卡，因为那直接关系着公司的盛衰兴废，同时也直接关系着我们每个人工资的高低。其实我们的基础工资并不高，而这里的员工每个月却可以拿到一两万元的工资，就是缘于推销卡业务的提成很高。当然我们有最基本的卡任务量，只有完成了基本的任务量后，其余超出的部分才可以拿到提成。

重复营销、明争暗抢的事情时有发生，她们也经常会为此而彼此吵嘴辱骂，彼此闹不和。不过这种僵化的关系并不会持续多长时间。在同一个屋檐下，在追求利益的过程中，她们不断地搞小圈子、拉帮结派，或许这样的事情，在她们各自闯荡世界经历颇丰的内心中，早已成为见怪不惊的事情了。每一天，她们照常是若无其事地彼此相处。

我看不懂她们，也看不懂这个世界，只是小心而谨慎地处在她们中间，尽量与她们交好，哪怕委曲求全，希望不要因我个人的原因而导致大家不愉快。那是一段阳光普照的温馨的日子，我很快便和她们全都熟络起来，而她们显然也都非常愿意接纳我，平日里不管是谁出去办什么事情或是参加什么聚会，她们也都愿意拉着我一起前往，而我也总是有求必应。

有时我想，或许活着就是这么一回事，要和周围的人相处融洽，这样你才能有好的心情，然后吃喝玩乐开开心心。其实，对于像我这样的人来说，也就是这些了，根本不可能存在什么建功立业，或是一番作为，或是奉献与不奉献。那好像与我们这样的人遥远且毫不相干，那是属于大人物的事情，而我们所能做的不过就是自谋一份生计罢了。有时想起这些，我又忍不住嘲笑起过往的自己。有时也会觉得遗憾与内疚，感觉自己白白读了那么多年书，白白花了父母那么多钱，到头来还不是和现在的同事们一样，甚至还不如她们会处世、圆融，常常还要向她们学习。有时又感觉生活很荒诞，身处于这样的繁华大都市，又从事着纯物质的服务行业，各类声色犬马的事情如同发生在这个城市里的各种新闻一样，精彩不断。有时会被其完全迷惑了心智，辨不清是非对错，失去了以往理性的判断能力，不由自主地随众人一起跟着生活摇摆、迷离。甚至有时会觉得这样的生活也不错，慵懒而又刺激，但有时又会觉得空洞与迷茫。

我总共有两个月的试用期。在这两个月里，我是没有任何任务的，当然我的试用期工资也比较低。舍友们也都非常热情，都挺照顾我的，每次我们一起聚餐，她们也都一致同意免掉我的那一份子钱。而我在试用期内的工作表现，也得到了我们部门领导的肯定。

眼见着生活一切都顺顺利利，一切又平凡地开始，被昨日不切实际的思想狠狠伤过的自我，不再囿于自己的世界里，我开始落地了，开始正视现实，也开始承认现实。我意识到我的生活将会如同她们那样，不问前程，不问将来，只活在当下，为生活本身而去生活。

人需要一套生活的理念来指导自己前行，如果这套理念不是通过自己对生活的探索与理解而来，那么最简便地就是拿他人的为自己所用。

那时的状态，没有自我，像一个空壳，那套得自于武侠世界并陪伴我整个学生时代的理念，被连根拔起。我不仅失去了原本的理念，也失去了自我，不再相信自己，转而相信他人，相信身边的每一位看起来生活得有声有色、快乐且自在的人。我相信他之所以活得如此自在愉悦，自有他的道理，而我只要完全顺着他，完全听从他的理念，那么我也一定可以像他那样稳稳地把住自己生活的方向盘，不至于像上次那样遭受打击。我至今心有余悸，我不想再有第二次。

可是生活就是这样，好像永远都在与人较劲，变着法地戏弄人，让人一会儿高兴，一会儿落寞，一会儿富足，一会儿又一无所有；让人既爬上巅峰、坐上神坛享受万众的膜拜与赞颂，又会在不多长的时间里亲自为人揭下大势已去的牌匾；让人不免总是苦中带笑、笑中带泪，又让人辗转奔波、疲于应付，却又欲罢不能。而我似乎是在已经被降服的状态中，不再相信自己的无怨无悔，以为此生也必将如此而终老。不再抱任何非分之想，也没有任何期望，一件小事的突然降临，我再次改变了心态，也改变了对自己的看法。

事情是这样的。那天小洁说要请我去吃饭，结果到了以后我才发现，原来并不是我俩单独吃饭，而是和她的一群男性朋友一起吃饭。那群男性朋友当中有她的那位传言对象，据说是我们单位的某上层领导。小洁私下里悄悄地和我说，其实他早已不在我们单位了，现在已经转行去做金融投资方面的工作了。小洁骄傲地对我说，他在外面干得相当出色。她说，他会很快和他妻子离婚的，她都等他两年了，他们会很快结婚的。那天小洁非要让我坐在她的旁边，我本想立马走开的，因为我不习惯和那么一大群不认识的人在一起吃喝，可是小洁始终拉着我的手对我再三相劝。她说人在外面就要靠朋友，多认识点朋友对我是有好处的。她说，吃一顿饭又不能怎么着，怕什么呢？她的那位男朋友也过来劝说我，就这样，我只得留了下来。

吃饭的时候，其中的一位男性走到我身边，硬要我陪他喝一杯酒，我不想喝，那位男士却故作生气状，说，那就是嫌他丑不给他面子。我从没有遇到过这种情况，不知该怎么应对，便望向小洁，希望小洁能帮我解围。小洁却也要我喝，她说喝点酒没关系的。当我喝完了之后，那位男士紧接着又找了一个理由让我喝第二杯，然后第三杯，周围的人也一直都在起哄，怂恿我和那位男士继续喝下去。

我从没喝过酒，在以前单位聚餐的时候，我们女士都是以茶代酒的。可我又不知道该怎么拒绝，小洁也在旁边一个劲地要我喝，她说不要驳华哥的面子，华哥是喜欢你、欣赏你才要你喝的。其他的男士也要单独和我喝酒，我只得硬撑着朝自己肚子里灌酒。直到我感觉不舒服，胃里翻江倒海，似要吐时，我跑去洗手间，小洁也跟着我，她在一旁一个劲地说，没事的，出来就是要嗨的。我没有让小洁一直陪着我，我让她先回去，在那时我接到了丽丽姐的电话。丽丽姐听出了我声音的异样，连忙问明情况便打车过来了。她不顾小洁的劝阻，也没对小洁和众人客气，便把我直接带走了。

事后，小洁还一个劲地抱怨我，扫了大家的兴，不和她商量，还教育我说，以后再带我出去可别再发生这样的事情。这件事后，我突然明白了一个道理，那就是：不可以把自己完全寄托在他人身上。因为除了你自己之外，不会有另一个人与你所思所想、所诉求完全一致，因此也就不存在一个人在为自己周全考虑的同时也为你周全考虑。因此人还是要靠自己，也唯有自己才能对自己负责。其实我明白小洁并没有什么恶意，她就是一个拥有那样追求的人，她认为那是快乐的，她也希望我和她走一样的路。可是，我知道自己不喜欢那样，也不喜欢那样的场合，那样的朋友。因此，我不能再强迫自己和她一样，我需要有自己的主见，需要自己去学习、去思考，对自己负责。

只是在这物质的地方，到处都充斥着靡乱、烂醉、诱惑、不安与躁动，尽管我不愿与她们为伍，过那样的生活，可我又能怎么样呢？看不穿的世事与人世，我又能怎么样呢？如果不能随波逐流，便只能忍受孤独了。

可我知道我还有希望，我在心底一直挂念着李艳对我说过的那个他。呼唤他、想象他则成了我孤寂无依的心灵的每日必修课。他现在在哪里呢？他长什么样子呢？他为什么不可以早点来找我呢？有时我也会无比担心，害怕希望会落空，害怕她说得不准。但更多的时候，我对此还是深信不疑的。毕竟，她确实有一定的能力，丰富的生活经验让她能预测到一些事情，比如我的这份工作，比如我当时仅在心里盘算却从未说出口的想法。这是我亲身体验过的，况且还有那么多人都找过她，也都信任她。我想她不会仅将我的事情看错。

他迟迟未曾现身，可我的日子还是要过。一天一天，我度过了实习期，成了她们中的一名，与她们存在合作同时又是竞争关系。一天一天，当初识的热情与客套耗尽，当彼此都再熟悉不过，当人与人的交往最终受限于原本的性情及内在的那么一点特质，也许影响人群分合的最原始也是最根本的原因就是物以类聚，人以群分。又或者，人同声相应，同气相求。而我也再次见证了属于我的命运。

天气渐凉，我发现室友们都喜欢彼此交换衣服穿。这时，各自的衣橱都成了公共衣橱。只要好看，无所谓谁的，都可以随便拿来穿在自己身上。起初，她们也会翻看我的衣服，偶尔也会有人穿我的衣服。渐渐地，她们发现我不喜欢穿别人的衣服，也许是我的衣服确实没什么好看的。总之，我被排斥在了她们娱乐及生活的圈子之外。我再次成了一个落寞的独行者。不过，好在这时我与一个不住宿的同事成了朋友，我并不怎么感到备受冷落。另外，我也渐渐意识到，与其身心俱疲地为了交朋友而委曲求全、谄媚迎合，倒不如仅有一两个可以让彼此都感觉舒服的真朋友来得更踏实。何况她们时不时地也会为各种事情吵吵闹闹。

她叫萱萱，她和我都是大专毕业，她学的是酒店管理，她比我早来半年。之前她在另外一家五星级的大酒店工作。我向她抱怨说，我们白上了一顿大学，花了家长的钱，现在不也就这样吗？她倒是挺坦然，说要是拼学历，在这样的硕士、博士都比比皆是的大都市里，我们不也就相当于一无所拥吗？她说，她打算趁着年轻在这里多赚点钱，然后凭着在大城市酒店工作的经验，再回她老家所在的小城市的一些酒店工作。她说到那时，工作也好找，而且她和男友还攒够了买房子的钱，这样不也很好吗？

萱萱不在我们宿舍里住，她和她男友在外面租房子住。他们是高中同学，她男友是一名计算机程序员。

我的世界被点亮了。在迷茫之后，我彻底清楚了在这个世界上究竟该追求些什么。不是改变他人和世界，因为我不具备这个能力，亦非是指责世界，或是完全弃却自我而放浪形骸与自暴自弃。

而仅仅是一份小小的自我生活的完满，如同大多数人的生活那样，好比丽丽姐。眼下的当务之急，便是同萱萱一样，多赚一点钱，为自己打下一点物质基础。

我也明白，我所从事的这份工作是属于吃青春饭的行业，所以无须考虑长久的职业生涯规划，目标可以再简单不过，就是在年轻精力旺盛的时候一定要多赚点。后来，我也发现来这里的每个人所抱的心态都无不如此。

所以没有挣扎，没有伤感，一切都那么自然，好像从前的所有一切都不过是为今天做准备而已。我也一直都在不知不觉地融会贯通中，被潜移默化。当有人毫不含糊地向我挑明这一切时，我恍然发现其实自己早已认可这样的理念，也已融入这样的世界当中去了。

我的世界变小了，变具体了，但却是一种踏踏实实的感觉。我知道这是无数普通人的平凡之路。从此，心系世界的理念离我而去了，我只关心我自己及与我有关的人和事；从此，善与恶、正与邪、好人与坏人、公平与正义的事情统统都不再与我相关了，我明白了真实世界的构造，理解了它的运作方式，并真正接纳了现实；从此，我仅作为一个个体优先对自己负责。至于这个世界里的一切宏大的问题——关乎民生福祉的事情，关乎公平、民主的问题，就让伟大的人物去担当处理吧。

务实的思想一旦进入脑海，成为新的思维模式，便也预示着人将进入一个全新的阶段——为生活而生活的阶段。生活中到处都是这样的人，他们以周围人为模板，诚挚地遵从绝大多数人的常规之路，并保守地安于这一切；同时他们又追求利益最大化，追求人世间的一切名利与荣耀，以相互比较为乐，在人低我高的心态里获得最大的动力与满足。没有沉入生活的人永远也无法理解他们对生活的那种狂热。生活对于他们，从某些方面来说，就好像是一处极具诱惑色彩的幻境般的迷宫，诱人之地一处接一处，让陷入其中的人永远心醉神迷、流连忘返。

我也沉入生活的漩涡当中，在它的逻辑世界里乐此不疲。我开始像她们那样去打扮自己，以提高自己的自有资本，也时刻注意她们的说话及自我营销技巧，希望自己也能变得和她们一样，无论何种情况都能应付自如。我发现她们中的一些人，有时会有一种特别奇妙的心态：她们总是嘴像蜜一般甜，变着法地让客户尽可能多地买单，却在事成之后以一种极尽不屑的语言在背后嘲弄甚至是侮辱这些客户。起初我是完全不能适应她们这种反差巨大的做法，可是渐渐地，我也同她们一样，免不了会对某个油腻的男性客户极尽嘲弄挖苦一番。

日子就在这种氛围里倏忽而过。赚钱、装扮、玩乐，倒也过得不亦乐乎。有时也会因工作关系，与某些男性客户比较相熟，经常会接到他们一起去吃喝玩乐的邀请；也会有男性客户单独向我提出为我找一份体面舒适的工作，或者为我筹谋别样的打算。我开始还是以一种极为单纯的感激的心态与他们保持联系，可后来，当我把这些事情告诉萱萱，萱萱帮我分析之后；当我也发现他们另有所图之时，我便不再与他们单独联系。尽管有时自己也难免会产生"为何不能像小洁她们那样放浪一番"的想法，但多数时候，我还是比较传统的，我记得丽丽姐的忠告，明白一旦做某些事情会带来的必然后果。

除了孤独，还是孤独。一天工作结束，喧闹吵嚷消歇之后，自己对镜孤芳自赏之时，看着她们情有所属，各有所归，我也多么希望自己可以有人陪。看过无数次大城市的各种风花雪月、各种觥筹滥情的场面后，我也渐渐地明了自己该追寻何种生活。我应该追寻像萱萱和丽丽姐那样的生活，找寻一份踏实温暖、相濡以沫又细水长流的感情，过一种常规的传统生活，一份常规的传统人生。

这是舶来的思想，不过生活也再一次向我证明是对的。我就应该这么走下去，走下去追求生活的安稳，拥有自己的小家庭，追求家庭的幸福。大多数人不都是这样吗？

满地落黄的深秋季节转眼不见，冬季来临，带来了我们这一行业的黄金时节。我们的顾客突然大幅度地增加，我们的工作量也明显加大，自然绩效工资也跟着水涨船高，有的业绩好的同事甚至一个月都能拿平日里半年的工资。当然较高的收入也引发较多的事端。出来工作，谁不是冲着钱来的？所以在那段时间，我们每个人都是高度敏感，高度警戒，火眼金睛地盯着每一位客户，努力挖掘优质潜力股客户，然后尽最大努力和耐心与客户沟通交谈，不断地深耕细作，以达到让其办理最大金额消费卡的目的。同时，我们还要防备身边的同事，尽管平日里其乐融融，可是真要涉及彼此的利益，不会有人让步，甚至为了一两个客户而出现争得面红耳赤互不相让的情况，这也是经常的事。另外，冬季是温泉生意最红火的时间，它关系着全年利润的盈亏，因此公司也会在这时给每位员工追加相当大的任务量，令我们所有人感到空前的压力。

　　压力，生存竞争与生存的各种欲求之间相互撕扯的产物。人不愿甘拜下风，人希冀受人仰慕，人渴望独领风骚，即便不能，人也唯愿跟随着上层的动向节节升高，而不忍向着下层一路滑去，遭人白眼，或是被边缘化。这是人的本能，是现实情况，也是问题的症结所在。这种心理在群体中直接导致一种竞争的氛围，它使人不得不时时刻刻投身于一场场只有输赢却没有裁判保证游戏规则的比赛中去。残酷的对抗开始了，每个人动用各自所拥有的各种资源，用自己的人脉、思维、战略与战术去攻坚克难，以达到自己的目的。继而，各类集团、各类利益共同体出现了，竞争加剧了。各色手段招数纷纷登场彼此过招，生活复杂了。而没有信仰毫无禁忌的人类群体，无疑将会使生活变得更为复杂、丑陋。

　　不可否认，竞争一次次促进了创新的生成，从而带来物质的极大丰富和世界的繁荣。同时也令自我主观能动性发挥至极致——为了适应这个快速翻新的世界，人总在各个方面不停地提高自己，消耗自己。

　　同样也是在竞争中，在利益的钻营中，我们看到了世界的繁复芜杂，也真实地领略到了人性最根本的不同。有人结党营私，排除异己，有人针锋相对，势不两立，有人明哲保身，自名中庸；有人不与争锋，另辟蹊径；有人静观其变，左右逢源；有人利益当头，无所不用其极。最终，有人枉自嗟叹，有人哀怨郁闷，有人得意，有人落寞，有人彷徨。

　　所以现代生活最直接导致的一个结果便是，人人都压力巨大，无论身体的，还是心理的，无论世界强加给你的，还是自我要求的。那种感觉令人如坐针毡，令人坐卧难安，令人烦躁惆怅，又甚至是找寻不到生活的意义。

所以我渐渐理解了，为什么生活在大城市里的人总喜欢到某些场所寻求一些刺激。那不外乎是本能地想通过娱乐的狂欢达到忘情、忘我及自我麻醉的状态，以此暂时摆脱繁重的生活给自己带来的身心疲累。我也渐渐理解了为什么越来越多的人热衷于旅游，这不仅仅是因为有条件可以多出去看看世界，也可能是因为人急于抛开当下生活的各种不堪。在他处，在没有各种利益关系束缚的新环境，在静谧的自然风光里，人不仅舒缓了自己过于沉重的心灵，同时，以旁观者的心态直观地感受到生活本来的样貌，从而给自己多一点生活的信心。

我理解是因为我正在经受着。那种怕完不成任务的压力，每日被公示完成进度的压力，眼看别人早已完成任务，自己却无计可施、一点着落都没有的压力，它会让人整宿无眠，会让人抑郁烦躁，会令人不自觉地持续给自己加压，以致自己快要承受不住而接近身心崩溃。此时少有人会有力量继续迎难而上，弦已绷到极致了，后面只想摆脱或逃离。

生活，最令人失意的地方在于并不是你有多努力就一定会有收获。有时候你想努力，但并不一定就有可以让你努力的方向和平台，有时候还是需要那么一点运气的，需要老天的厚爱与垂青。

我的运气很一般，正式上岗两个月以来，虽然勉勉强强都完成了任务，不过也仅是拿到了基础工资之外的一点效益工资，我是我们宿舍赚到工资最少的一个。我们是二十四小时轮班工作制，我和萱萱不在一个班，所以很多时候压力大了，我便会找她去倾诉。

大概是在一个拥有着温暖阳光的周末，我和萱萱逛完街打算各回各的目的地——她找她加班的男友一起吃午饭，而我则随便找个地方填饱肚子后就回宿舍。在我们各自走后大概有五分钟的时间，我接到了萱萱的电话，她非要我回去和他们一块儿吃饭，说是有朋友要介绍给我认识。就这样，我认识了尘，我未来的老公。

萱萱后来和我说，她当初并无意给我介绍对象，因为她也不认识、不了解她老公单位新来的这位同事。那天只是因为她老公叫上他的新同事一起吃饭，所以她索性就叫上了我。人越多才越有趣嘛，她说。

尘刚大学毕业，和我一般大。我们一起吃饭，谈起彼此的年龄，我在心里想，他会不会就是丽丽姐曾对我说过的他呢？时间点合适，年龄也对，会不会呢？我也敏感地感觉到他对我是有好感的，尽管是第一次见面。他告诉我们，他高中时期曾经休学两年，因为家里实在困难，无力资助他继续求学，所以休学两年在家乡打工。他说，后来即便读大学，他也几乎是半工半读。这就是他为什么到现在才毕业的原因。

尘后来和我说，他当时一见到我，全身便有种过电的感觉。他说，他当即就确定，我就是他要找的人。

说实话，尘给我最初的印象除了朴实且踏实的感觉外，并无其他什么特别的。但我还是希望他就是我要等的他。我想也许是因为当时的我的确太孤单了，希望有一个人来陪；也许是因为他出现的时间点、他的条件恰符合丽丽姐所说的，令我在心里感到有一点保障，我应该不会再受伤；同时也是因为受过伤，所以我确定自己要找的是一个各方面条件和自己都相差不大的人。独自在异乡漂泊，看过了那么多，爱情于我早已不是曾经想象中的那么神圣，我对它也并不抱有多少浪漫的渴求。我需要它，无外乎是我渴求在他乡可以有个人来陪我。

尘不似我，他是第一次对一个女孩子敞开了爱情的怀抱。追求并呵护她，使出自己全部的热情宠溺她，他觉得在爱情中男孩子就该是这样，一个英雄般的角色，有强健的体魄，有智慧，有能力。而她呢，柔弱，感性，所以他愿意为他心爱的女孩安排好一切，为她遮风挡雨，为她出谋划策。

我为他炽热的感情所感染、俘获。就这样，我们共同生活在一起了。

世界隐遁了，被我们遗忘了。成人世界里的一切秘密对我们都不再是秘密。噢，原来世界是如此！我们在尽享独属于我们共同欢愉的同时，也忍不住对世界里的一切发出不免有些轻视的窃窃私语。当高高在上的绝对的纯洁与绝对的高尚统统落地，原来我们每一个人都是凡人。

在恋爱的日子里，生命有史以来第一次通过另一方的参与，才恍然看清自己的所有身体构造，才明白自己的物理属性，才放开自己对自己的所有监禁，自由地、畅快地与异性的生命合二为一，共同完成灵魂的融合。

那种融合不可言喻，摄人心魄，它令相爱的双方彼此不分你我，令他们在生活里形影不离，令他们心灵上惺惺相惜，令他们误以为他们的爱将会一直如此，永远如此，直到天荒地老。

我们也在身体相拥的初始的快乐里，愉快地参照父母的角色及身边人的角色安排我们的生活。尘把工资全部交到我的手里，并且无论什么时间，无论何种天气，只要条件允许，尘都一律接送我上下班。他认为，爱一个人就应该把自己的所有都交给她，爱她就要无微不至地呵护她。我则自动地担负起洗衣服和打扫卫生的职责，当然尘也帮着一起做家务。就这样我们在相互体恤和关爱中，共同感受爱情所带给我们的甜蜜与温馨。

人生的另一阶段对我们同时开启了。我们手牵手彼此为伴，一起憧憬属于我们未来更美好的生活。有时我们也会发出感叹，昨天都还是单身的两个人，在以往都习惯了单身的彼此，怎么一瞬间就适应了两个人的生活？

生活还是得靠自己，对于过去并没多久的那段神秘的经历，于我而言，就像是偶然被人拉去洗脑一样，我确定有那么一段时期我是相信过的。可再次进入生活，被生活中更多的人和事影响，我最终又放空了那理念，还是同以前一样为生活所影响并被生活所纠缠。

那时的判断和想法，就让它留在过去吧。

我们还是要进入各自的生活。我转入了甜蜜的爱情，开始了两个人的生活。但是我旧有的习惯并未因另一个人的进入而迅速改变，我还是葆有自己负责自己并承担自己的一切的习惯。在单位里每每因客户的问题而与其他人存有争议时，我也都是闷在心里由自己去消化，不对尘说，不是不想说，而是习惯了不说。每当这时候，我发现尘总会一边深情地安抚我，一边又巧妙地慢慢引导我将事情的经过一点点全部对他诉说。他是如此的一个心思细密且又极懂事理的人，他教会我如何分析事情，教会我如何不卑不亢地去处理事情，教会我做人做事的一些必要原则。

我渐渐地变了，变得不再像以前那样只会凭着情绪本能地动怒，抑或是委屈伤心。通过尘，我不仅学会了尽量冷静自持与理智应对一切事情，同时我也在尘那里找到了依靠。我觉得有他在我身边，帮助我，支持我，鼓励我，温暖我，我将不会再同以往那样对工作对生活都心生畏惧，我将会有足够的勇气与力量面对以后的人生。所以我越来越愿意主动和他分享我所有的一切，我也越来越感受到两个人的世界与一个人的世界的不同。我想这就是爱情的伟大之处吧！

尽管那个冬天是寒冷的，我在职场里所感受到的竞争是惨烈的，每日因为各种事情而导致心情起伏变动是必然的，但是因为有尘，那个冬天过得还算顺遂。我们两个也因此更加了解对方，从而更加亲密。

我和尘住在同别人一起合租的出租房里。尘经常会抱歉地对我说，他让我受苦了，他以后会努力工作让我过上好日子。当然我不觉得有多苦，而且相比我以前一个人的生活，现在爱情的甜蜜更是让我看不到有任何不满之处。我和尘也会小心地节约着每一分钱，也会一起畅想我们以后的生活，打算以后像萱萱他们那样，在我老家的小城市里买上房，可以有属于自己的家，从此过上安定幸福的生活。

在恋爱的甜蜜里，好像只有恋爱，其余的一切都被缓处理、被推迟或还未被提上日程。尤其在初期，恋人们心心所念的仅是如何能让彼此的关系向前推进一步。他们交流、嬉戏、外出游玩、彼此探索，沉迷于初涉爱情的满足里，我和尘也不外乎于此。

可当这短暂的热情一旦被满足，当本质被证实，当我们意识到再浪漫的二人世界最终也要落实到居家过日子之时，依稀留存在心底的一点童年时代对于婚姻生活的浪漫畅想，也永远地绝尘而去了。现实再次关照我们，生活当仁不让。尘先醒悟，他说，他觉得我们两个不能总这样腻在一起，这样太浪费时间了。他说作为男人，就一定要以事业为重，否则以后用什么来保障我们的生活呢？所以他决定每天晚上都要在单位加一会儿班，这样我们共同相处的时间就更少了。我尽管有些不愿意，但也明白只能如此。

冬季的时候，是我们单位最红火的时候，我的提成相对还多一些，所以那时我拿到手的工资要比尘多一些。可现在，我只能拿到少得可怜的一点基础工资，还不够我们两人的日常所需，想要有所节余，想要多攒一点钱，好为我们以后的生活提前做点准备。同时，每当想到我们以后的生活安排，想到我们将来的住所、工作安排等各种问题，我们才发现，竟没有一件事情是在我们的把握之中，一切都充满不确定性，一切都是似近却远。感觉生活时刻在压迫着我们，感觉欲望焦灼却又无力实现，于是焦虑再次充盈我们的心头，负重的感觉时时围困着我们。

于是生活不再浪漫，生活再次为生存现实所统御。两个人的世界尽管不曾有变，可是两个人的心绪都在悄悄发生着变化。

尘希望我早一点和他回老家，我们早一点结婚，这是他父母的期望，也是他个人的打算。可我不想这么早定下自己的终身大事，不想这么草草地结婚。我觉得至少要等到我们有能力，在无论是哪一家所在的城市买上属于自己的房子后才能结婚。这样我们才可以有真正意义上的家，我不希望我们一直这么漂着。所以我们两个经常因为这件事情而不愉快。有时我也会想，如果当初我没有以丽丽姐为样板，如果我不去相信我的预感，如果我接受某个对我有好感的男性客户的安排，那我的生活会不会比现在要好很多呢？

生活好像没有对错，对别人适用的对自己不一定合适，这与选择有关。可我的选择是什么呢？我害怕再次受伤，想要选择一个踏实的、认真的、爱我要多于我爱的人，所以我等到了尘。而尘从一开始就很坦诚地告知了我一切关于他的情况，他从没欺骗过我，他也一直很努力。他对我说过，他要找的就是一个能和他同甘共苦的人，我当时不也欣然答应了吗？可我现在怎么了？

我忽然明白了为什么一些女孩儿要那么现实，因为生活就是现实，就是与现实的一切问题交涉。我已经回不去了，其实我也不想回去，因为我知道尘是真心爱我的，他是很在意我的，他对我完全坦诚。而其他那些我所认识男人呢？我不了解他们，在灯红酒绿纸醉金迷的场所里，我看不清他们。我想，也许我的命就是这样的吧！

在又一个冬季来临的时候，我禁不住尘的一再劝说，和他去民政局领了结婚证。我们没有举办盛大的结婚仪式，一切从简，只是在双方的老家分别请了几桌酒席。另外，为了安定我的心，尘也把我们一年来攒的钱拿出来，又外借了一大半的钱，终于凑足了首付款，在我老家所在的小城市里，我们贷款买了一个八十平方米的期房。虽然生活更加捉襟见肘，我们也不能立马就住上新房，我们依然还在遥远的他乡漂着，但在我和尘的眼里，生活却在向着我们两个所期望的方向一点点前进。在那一刻我们因此也稍稍感到了一点满足。

更多的时候，我们被生活压迫得喘息不得。尘的母亲病了，我们每月需要寄一些钱给她看病。每月有固定的房贷支出，每月有固定的房租支出，还有我们的债权人时不时向我们催债。二人的世界非但没有因为婚姻变得更为紧密牢固，反倒因为这一关系及其催生出的众多的成本支出，耗费了很多心血，使得我们除了被生活给牢牢地捆住之外，再也无任何自由与浪漫可言。要赚钱，要快点多赚些钱，那时我们的心里只有这个。所以当婚后我再次重返岗位时，我的心态与以前有所不同。以前我尽量礼让，尽量避免与同事之间争抢，那时觉得少赚一点钱也无所谓，只要大家和和气气地一起共事就可以。可我现在发现，一味地避让使得自己失掉了自己该得的那一份，并没有换来同事的理解与尊重，有时还起了相反的效果，令对方误以为自己软弱可欺，而无形之中促使对方更加放纵张狂。我态度变得强硬了，有两次我和婧婧硬碰硬，可我没想到的是，竟然因此影响到了我和同班的其他同事们的关系。所以，我在单位里的处境一下子变得不容乐观。

那一段时间，我每天工作得很不开心，几乎每隔几天就有一件不愉快的事要和尘倾诉。我渴望得到尘的安慰，希望尘能够从根本上帮我想办法解决我在单位里处境困难的问题。起初尘确实一如既往地耐心开导我、劝慰我。可是渐渐地，我发现他变得有些不耐烦了，变得好像不愿再听我讲任何关于我在单位里的事情了。其实我不是不知道尘已经有些烦了，可是我没办法，除了他我还能向谁去倾诉并寻求帮助呢？直到一天，我刚要向他倾诉我在单位里的一些芝麻大小的事情时，他非但不听我讲，还很生硬地打断我，并一反常态气愤地质问我，为什么别人上班都能好好的，而我却不能？为什么我上班总是有那么多问题？为什么我连那么小的事情都处理不好？他问我，我还能做些什么呢？

这是我万万没有想到的，竟然一向那么在意我、爱我、与我已是夫妻的爱人会嫌弃我，这也是我所不能接受的。在那一刻，基于维护自我与反击的需要，自尊的城墙在我心底暗暗矗立，矗立成一个四围密不透风的墙。我决定从此无论何种情况，我都不再对任何人诉说我的困扰，我需要自己去解决问题，即便解决不了，我也宁肯自己承受。在最亲密的婚姻关系里被自己所至爱的人质疑，我的心是彻底冷了、凉了。爱情、婚姻、爱人、誓言，我不再相信这些，我也从此看淡了这世间的一切。那天我没有再回应尘什么，我们在静默中各自收拾各自的心情。

生活还在继续，压力还在，诱惑也在。后来，因为生活的压力我与尘又多次有过不睦的情况，我们都以冷战的方式去应对，我们不吵不闹，也互不沟通。也许是因为彼此都再明了不过，不可能再指望对方改变点什么或者带来点什么，对对方都已失望至极。那一段日子，我整个人都很颓靡，没有了来自尘的精神支撑，工作中还频频出现问题，自己着实是疲惫不堪，每天心情都很烦乱。我想过要换一份轻松的工作，不再计较工资的多寡，不再执意背负那一系列的生活重担。我也想过要和尘离婚，既然两个人在一起如此之累，何不早散早解脱？我从没有考虑过尘的感受，从不知道他在相同的生活重压之下，是如何承受，又是如何疏解自己的。我只是像一个怨妇似的每天只知道抱怨，却又无力解决，变成了我曾经最鄙夷的那种人。

我开始讨厌起我自己，无比痛恨我自己，我不明白自己是怎么一步步走成这样的。为什么别人在任何境况下都能自得其乐，而我却不能？为什么我总是状况不断？为什么我总是问题比别人多？

萱萱和她男友早已回老家定居了，他们不再回来了。他们住上了自己在老家买的新房，她老公在那里找到了一份不错的工作，萱萱也在家安心等待生产，他们向着自己的梦想一路前行。可我的梦想又在哪里呢？我的现在又该如何破解呢？

公司里有两个同事跳到别处谋生去了，又来了几个更为靓丽的新面孔。我们留下的几个年龄稍大点儿的员工成了这里的老同事了，竞争更为激烈。新来的女孩们大多是艺术类院校刚毕业的大中专生，各个肤白貌美，推销的技能与其做人做事的风范一样，纯熟老练，让人挑不出一点瑕疵。有时处在她们中间，我感觉自己各方面都比她们逊色好多，好像自己不该再出现在她们中间，该谋点别的什么工作。

身心在现实的磨砺下日渐憔悴，无望，惶恐。由外部支撑而树起的短暂自信，眼看将再次倾覆在新一轮的生活之痛中。不甘与痛楚同在，同时绞噬着自我那不堪折磨的内心，痛定思痛中，一股不屈的傲然之气不知什么时候从心中萌生，我决定要有所改变。

心灵的演绎过程在那个阶段就是这样的，我本想忘忑地拿起书本寄希望于能从中找寻到某些慰藉，却不曾想到正是靠着书本的力量，我完成了人生的重大转变。

学生时期读书，因为缺乏生活经验，或是限于学生生活的特质，无须与他人有更多交流与沟通，只管自我修身即可，所以能与自身经历相契合，能与自我产生共鸣并带给自我更多印象的无非是，他人非凡的意志力，他人不屈不挠、执着向上的精神等等。那时我正做着有朝一日可以做个孤胆英雄的美梦。工作后却不一样，我的价值理念、思维体系与现实格格不入，当我发现并非只要自己够努力、够出色就定能获得大众的认可时，当我发现自己其实并没有多优秀时，当我受过伤总结过后还依然不能很好地融入集体中时，我一直处于不自信状态中。

我不知该如何处世，即便后来在尘的帮助下我稍稍有些好转，但我仍然清楚我的问题并没有得到根本解决。当我带着这些问题去阅读书籍时，当我从书籍中看到别人处世都是有一定考量与技巧时，我才恍然大悟，发现了自己的不足——太过个人主义。我才真正明白，在社会里作为群体中的一员，如果一味地只顾自己的利益，完全沉浸在自己的世界中，仅努力提升自己的存在感是一件多么危险的事情。这无形中造成了你与整个集体的疏离，造成了一种以一对多的局面。每一个人的存在就他者来说本身就是一种挑战，尽管你本身无意与他人比较，可你无法改变他人将你视作一个参照或是潜在的竞争者。如果你又表现得稍微好一些的话，那么于他人而言，你的行为则可以被认定为是冒犯，因为你剥夺了他们本可以享有的权利。同时假设你又没有好的群众基础，那么简直可以这么说，你已经引发众怒了。我当时的情形便是如此。这其中是群体心理学的知识。在这种情形下，仅靠自己修身养性是不够的。

于是我试探着用我从书中学到的方法，一点点改善我和同事的关系。眼看初显成效，我在高兴之余更加坚定了要靠自己的努力与智慧去解决自己所面临问题的决心。因此我更加热衷于读书，并且边学边练边思考。虽然生活的大小事情依然不断，但我不再像以前那样只有焦虑与迷茫，不再只有无尽的害怕与担心，不再只有事件发生后的无力与憔悴，我开始对自己充满自信。我清晰地记得，在某一个工作的间歇，当我一个人站在角落里，望向身边同事们或忙或闲，或彼此互动、窃窃私语，或耽于一个人日常工作的场景时，有那么一刻，曾经一直在我眼里的幽昧与复杂、幽深与不可捉摸，一直看不懂的世界，突然间洞开了。我在一瞬间彻悟了这个世界与光明、坦荡、井然的秩序、善良、纯真相对的另一面，那是阴暗、自私自利，为利益要进行的算计与谋划。那一面不可告人，但那一面却处处存在。

有人的地方就有它，自有人类开始就存在的一种东西，就像地球有日夜，就像自然有冷暖，它很自然地存在于这世间的任何一个角落。

你学会了权变，懂得了分析，长于谋略；你不仅维护了自己，保全了自己，有时更可以防范一些阻碍你发展的愚鲁的人。甚至还有一些人为了达到自己的目的，利用自己的这份才情鼓动同伴一起群魔乱舞……没有信仰的人生，便没有畏惧，更何谈禁忌，如果利用这份才情做超越了良知范畴的事，那么后果可想而知。

那时我还想不到这些，自己猛然了解到这个世界看得见与看不见的运行法则，感觉自己拥有了继续与这个世界互动下去的力量，也给予了我更大的信心。

在这个学习、实践与反思的过程中，一套根源于社会现实并为适应社会现实的理性思维，在我脑海里逐渐形成。我逐渐完成了向一个真正的社会人的过渡，与众多在世俗世务的人的思想大同小异，区别仅在各自道行深浅不一。

我开始运用自己的智慧去分析处理自己的问题，我不再依赖尘，也不再一味地自我埋怨。我决定暂且不意气用事地离开这里，原因有三：

第一，现实需要。我知道这段时间的工资对我们很重要，我们的经济状况让我们承受不起任何意外。

第二，我换个地方定能处理好人际关系吗？我不是已经换过一次了吗？问题的根本不在于他人，而在于我自己。我希望自己先在这个已经熟悉了的地方，通过自己新领悟到的东西尝试处理遇到的问题。如此我以后才能有信心去别处工作，而不畏惧任何工作环境。这是一个学习和历练的机会，我自觉我应该好好把握，这总比我冒失地开启一种新的工作关系，却可能再因自己的无能而致使自己再次遭排挤要好得多。

第三，这关乎我与尘之间爱情和婚姻的问题。我发现随着我在单位里的处境被改善，我的自信心大增，同时在我向尘述说我的思想和做法时，我明确地感受到，在尘的眼里，我重新成了曾经那个令他欣赏的美丽女孩。这给予我鼓励，同时也使我忍不住去思考究竟爱情是什么？我很早以前认为，爱情是一个人对另一个人毫无缘由的、永恒的爱。这很明显是错误的，爱情并非是毫无缘由的，也绝非是一成不变的。以前，他爱我，不过是缘于他欣赏我的某些特质，不过是缘于我合乎他的某些需求，我满足了他，所以他说他爱我。可现在，时间一长，当既有的满足已化作平常，我已无任何特色可言之时，当我一而再再而三地需要他的帮助，甚至渐渐成为他的精神负赘之后，他还怎么可能会继续欣赏我而爱我呢？所以永恒的伟大爱情是鲜有的，即便走入婚姻，人还是要靠自己。

想明白了便不会再对他人有过分依赖，也不会因此而产生诸多埋怨。我开始专注自我，想方设法地让自己快乐地工作，同时还要在工作中得到我所期望的回报。像我这样的人，在这样的工作里，不就是为了追求这个吗？只不过与以往不同的是，无论我在工作中遇到什么难题，我都愿意独自承担，而不愿意向尘求助。

我向几个新来的女孩投去了友谊的橄榄枝，很快我们便打成了一片。于是，轻而易举地，我就改变了自己原来形单影只、孤立无援的状态，已经有两个好姐妹坚定地站到我这边了。过去缘于工作与生活上的一些矛盾，婧婧总爱在所有人面前，和冰冰一起通过一唱一和的方式来含沙射影地指责我。当然平日里婧婧也很会笼络我们的直接领导和其他的一些同事，也许正是通过这种方式，一来二往，婧婧俨然成了这里最有权威的人。无论老员工或是新来的一些员工，大多都对她心存畏惧。当然婧婧的年龄也是我们这群人中最大的。而我则是经常被她们指责的人，可想而知，那时我的境况有多难。可现在不同了，有姐妹的鼎力支持，自己心理上也已强大，所以更多的时候，我敢于正面对待婧婧、冰冰她们发出的语言挑衅，并且坚决予以反击。

我的工作越做越顺，业绩连续两个月位列全员第一。眼看钱袋越来越鼓，我内心的人生规划也在悄悄地发生着变化。我不再急着像萱萱那样回到家乡，我倒更愿意先留在这大都市里，趁着年轻多赚两年钱。等回老家后，即便一时生计不得着落，也可以不必那么忧心如焚。可以这么说，我仅对当下还比较有把握，而对未来，不敢多想。

我知道会有一批又一批的更年轻的人涌上来，加入各行各业，而我呢？眼睁睁地看着自己青春逝去，却并没有另外学点什么，或者拥有些别样的资本。这是我深感自卑之处。

理想，早已跳出了我的人生辞典，早已不知所踪。

我明白像我这样的人只有生活在当下，未来是看不清的，未来也不在掌控之中。我好像突然明白了，这也是婧婧极端的尖刻自私又善于融通上下的原因所在。

那是生活教给她的聪明才智，那是这么多年来的经验所得。

这一概念一直以来就是这样一副面孔，不必讳言，亦无须遮掩：有人成功就有人失败，有人上位就必有人让位，有人多得就必有人少得，有人赢就有人输，有人辉煌就会有人黯淡。相对应的，社会结构的组成亦是三六九等。

慢慢地我摆正自己的心态，当然有些客户是永远也追不回了，所以我仅要求在签单数量上对等即可——你从我的客户身上得到了多少，我便会相应地要求你也要付出多少。这样的话，即便她向领导反映，我不怕，我会据实以告。

我发现还存在另一种情况，你无法抗拒送到你嘴边的、又不易被别人察觉本属于他人的好处。有几次，我遇到客户说要找某某办卡，或说是经某某介绍让他来找谁办卡。在我了解到他们其实并不相熟，相应同事也不知道有人介绍来办卡，这时候，总有一种力量或说是强大的诱惑力促使我想办法让客户办卡。这时候我总会有种完成任务会赚到更多钱的快感，却又心虚连连，总担心别人会知道。

这样的事情我遇见过好多次，尽管有时候我还是会公正地办事，但多数时候，我是无力抗拒的。于是内心对自我的评价越来越低，也越来越自责。可是每当我遇见这样的好事时，我还是忍不住一而再再而三地违背自己的意愿，因为得到了就是实实在在地赚到了。

在我的努力下，我有了一点成就感，同时我也有更深的负罪感，愈积愈重。尽管平日里我粉底铺在脸上，一副职业的笑颜，无人看透我的内心，可我知道自己其实活得很累。我不喜欢此时的我，不明白为什么同样是为了生活而打拼，同样是道貌岸然地做着某些见不得人的事情，为什么别人可以那么轻松地对待自己的所作所为，而我却不能？

那段日子，我时不时地就会感觉到气闷、气短，一天之中总需要做那么几次深呼吸才能稍微地舒缓一下自己窒闷沉重的内心。可与此同时，我又抑制不住那种兴奋的满足感——自己到手的工资越来越高。一想到自己的目标正在一步步实现，想到自己以后不仅会在城市里有属于自己的房子、车子，也许还可以做成一门生意。前几天和萱萱联系，萱萱曾和我提到，她打算开一家孕婴店，现在正在积极筹备，已经考察一段时间了，她想约我入股，我也同意了。我想如果她成功了，以后我也可以借助她的经验在自己的家乡开同样一家店，当然也可能做别的。最关键是未来我要做自己感兴趣的事，要开创属于自己的事业，而不是再单纯地给别人打工。未来的生活是美好的，未来的生活也是具有无限可能的，可前提是，我必须要有做任何事情的资本。因此，我还要克制着自己，继续适应当下的生活。

我再没有对尘讲起我在单位里的事情，包括我现在心理的变化。我已经明白婚姻是怎么一回事，也已经懂得，即便是结了婚，其实每个人终究还是孤独个体，多数时刻还是要靠自己，如此对方才能一直欣赏你，愿意同你共处。现在，我们两人共同的话题不外乎畅想未来，畅想我们共同的小家，畅想到底什么时候迎接一个孩子最为合适，畅想我们要一起努力做的事业。这些最能给漂泊异乡的我们以温暖，也最能带给我们以寄托。

可是令我没有想到的是，此时我竟然怀孕了。如果时间再往后推一点，等到我们都安顿好后，该是多么令人高兴的事情。此时我们还一无所有，此时我们还备受生活煎熬，此时各方面条件都还不具备。所以还不能要孩子，我怕承担不起。这是我得知这个消息时的第一反应。尘起初一直默默不语，他没有表态，我不知道他顾虑什么，过了一会儿，他坚定地对我说，要这个孩子。他说，第一，流产对我的身体是有伤害的。第二，那毕竟也是一个生命的开始。第三，我们最担心的不过就是经济嘛，现在我们除了贷款之外还有一些外债，不过都是借自家亲戚的，可以和他们提前沟通好，稍微晚一些再还应该没什么问题的。另外，他说，我再上两三个月，身形上应该看不出来，这几个月的工资可以在生产时用，而他的工资则用来还贷款及日常花销。他说，反正早晚我们也是要孩子的，现在既然来了，那我们就按现在的条件养着他（她）就是了。他让我放宽心，无论有什么事情都有他顶着呢。

尘说服了我，我终于坦然地接受了我们的状况。其实内心深处，我也愿意这么做，只是我们的经济状况太过脆弱，我怕会应付不来生活的各项支出。

现在我彻底打消顾虑了，准备去迎接这个小生命了。我要努力工作，甚于以往任何时候。我要争取在短时间内赚取更多的钱，我决定利用这些年在这里认识的各种朋友在短时间内创造利益。当然，这些所谓的朋友并非是那种知根知底、情谊有多深厚，不过是在工作中有一定交集形成的关系。以前我从未想过要通过他们怎么样，但现在我急需钱，并且我很快就会离开这里，我们不会再见面。我心里明白这纯属一锤子买卖的交易，对我完全有现实经济利益，而我所付出的代价是我在他们心中人格形象的全数尽毁。他们会不再看重我，会骂我，但我要让他们失望了。当然我也会自责，可是面对现实，面对经济利益的诱惑，我相信自己很快会调整好心态的。以前，我是绝对不会想到有一天我竟也会变成这样，变得如此务实、如此精明、如此市侩。倘若以前的我遇到现在的我，定会惊诧不已，定会痛骂不止，定要将这讨厌的模样千刀万剐。可是现在，我面不改色、心不跳地算计着一切可得利益，非但不觉得有什么可耻之处，反倒还因自己不能像其他人做类似事情时那般心安理得与干脆利落而小有遗憾。

我彻底变了，完完全全地走向了曾经的反面。

创收的过程很顺利，那些朋友经我一再恳求，陆陆续续地都来了。特别是其中还有几个特别热情的，不仅自己过来帮忙，还给我介绍了一些他们的朋友，这使得我在高兴之余不免又产生几分惭愧。

我现在只想多赚点钱，然后就是尽量与同事们交好，不要有什么分歧与纠纷，因为我的身体不允许我生气，怕对胎儿不好。现在我的人生已经走到了一个节点，在这个节点上，未来不再像之前那样会为自己的一点点小成绩所激励，或者为了理想，或者还有那么点力量与勇气可以不顾他人劝阻任性地再折腾一番，这些都不会了，无须隐藏了，事实就摆在眼前，再没什么可以发挥想象的空间了，也不存在多大的变数了。我看到作为母亲的角色，看到作为家庭主妇的生活，看到忙碌的生活，不会再有什么大的发展，将永久处于最底层的生活，将要终其一生。这时，我忍不住去嘲笑自己各个阶段曾有过的理想，内心在感慨的同时，又多了几分凄怆。

偶有的不适会有，但也会很快过去，自己不会无休止地为一个明知不可能实现的目标而始终跟自己过不去，适应现实就好了。现在我仅期待能顺顺利利地多干几天，再多赚几天钱。可是我发现，其实连这一点也是奢侈的。是啊，在为猎获可见利益而不择手段的尘世里，竞争的双方或多方又怎么可能会长时间地处于风平浪静的状况呢？

那是一个很平常的日子，唯一不同的是离我决心要辞职的日期还有二十天，我们的辞职报告一般是在申请之后当天或最晚第二天就会被批准。我们在这里不过是一个劳动力，其他几乎没有什么影响。我们要感谢这样的单位肯收留我们，为我们提供一份薪水。难怪我们的部门经理天天挂在嘴上的是这样一句话：别叽歪，别唠叨，别提意见，要么好好干，要么走人。有时真为这样的自己感到悲哀。

某天，我一上班就接到酒店A座打来的一个电话，说是他们的一位客户要来我们这边办卡，让我好好接待。当那个客户过来的时候，我没有多想，便直接打在了我的任务号上了。本来这是一件很平常的事情，我们也经常会遇到，但我却不曾想到，就是因为这么一件小事竟成为婧婧再次打击报复我的一个有力把柄。

婧婧向我们主任投诉，说我抢了她的客户，那位客户以前来咨询过，是她接待的，她有他的信息，而且还给他发送过我们促销活动的一些内容，所以她说这个客户之所以会来办卡是由于她的工作到位。另外，按照我们这里"谁先接待，客户属谁"的办事原则，这个客户也应该是她的。主任的立场同婧婧的一样，她说，尽管我是无意的，但我毕竟犯了错，所以按照我们这里的处罚措施，我被要求返还婧婧两倍的利润。我不同意经理对我犯错的认定，哪怕是无意犯错我也不能接受。我一再向经理说明这是A座那边的客服小莹介绍给我的，是他们的一个老客户，况且婧婧接待他是在半年前，而不是最近，所以不应认定为她的，可经理不听。

我明白如果我和婧婧的位置调换一下，或者换作另外两个人，经理肯定不会判定是一方侵占的，关键这是婧婧的事情。她和经理的关系向来是我们比之不及的，所以无须再强辩什么，根本没用，但我很生气！还要让我赔她。这不是明摆着欺负人吗？我咽不下这口气，不想就这么算了。我为了能多赚点钱费尽了心力，现在却就这样白白送给她一些。绝对不可以。我心想，要不是我下个月的工资（我们压一个月的工资，下个月发的实则是上个月的工资）还在你们手里，我定要和你们闹个鱼死网破，反正我是要辞职的人了。可是现在我不能那么做。那我该怎么办呢？难道就这么算了吗？我思来想去，越想越生气，还是没有想到好的办法用来反制她。

令我没想到的是，这件事情即便是这样的处理结果还没结束。回到岗位后，婧婧在部门里故意和冰冰就这个事情酸言酸语地大声说个没完，我知道她们是故意借着这个事情来中伤我，以显示她们不可侵犯的威权。当然，她们希望可以让我颜面扫地，彻底败下阵来，如此我以后就再不敢向她们挑衅了。我被逼到了极点，知道自己必须要接招，否则就会被其他人误解为我确实理亏或我认怂了。我一字一顿地大声回了一句："不要占了便宜还卖乖，谁的烂勾当谁自己知道就行了，何必还要说出来丢人现眼呢！"她们没有回应。部门里也不再有人说话。这件事情在公众的眼里到此结束，可在我的心里还没有结束。

我心里不服气，也不甘心，窝着火，可实在想不出对付她的办法。好姐妹小霞给我打电话说，她想到了一个好办法，又简单又易操作，而且好像还挺灵的，是一种诅咒术，专门用以对付坏人的，她问我要不要听。

我挂断电话，感到一阵泄气，这叫哪门子办法啊！这不过是弱者的一种自我发泄罢了——没有勇气或没有能力与他人当面对决，因此只得如此发泄，不是吗？

我无可奈何地苦笑着，不知该做何种开解。尘还没下班，没有人可以让我转移一下自己的注意力，哪怕短时也好。我捧起书欲读，想把坏情绪驱散，想把这件事情彻底放下，反正是要走了，不愿再多想它。可是心思却由不得我使唤，一次次又神游到这件令我倍受屈辱的事情上，总觉得自己好像还有些什么东西没有思考明白。在这时，我忽想到什么。通常来说，如果遇到这样的问题，我们一般的做法都是矛盾的双方先协商处理，然后才会找领导解决。如此做也是为了顾及彼此的面子，不让问题扩大化，毕竟以后大家还要一起共事。可这次婧婧根本没经过我，便直接找到领导，并要求领导处罚我，这说明她早就想找机会惩治我了。这次终于被她抓到机会了，所以她肯定会借助这次不可多得的机会狠狠地教训我。婧婧心太狠了，细思之下，我不由得这么认为。相较于她，我觉得自己真是太善良也太单纯了。

以前不管我做什么，我从来都是对事不对人，最多不过会针对他人某些行为做相应的反击，哪怕是婧婧，尽管我们彼此嫌恶很久了，可我对她的态度素来也是直截透明——她怎么对我，我就相应地做出回应——不曾对她有过任何特意的报复心理。可婧婧就不一样了，很显然她早就对我怀恨在心，所以她之前会挑唆其他同事与我起纷争，她其实早就想逼走我，就像以前她逼走向她挑战的小君一样。直到这时，我才意识到，她是个多么有心机的人！

不能就这么算了！我越想越生气，恨不得马上走到她面前给她一记耳光！可现在下班了，怎么办呢？

我努力调整着自己的状态，不好的情绪尽量只对外发散，生怕会对肚子里的胎儿造成任何不好的影响。可不知怎么地，尽管一上午我都因能够出气而十分亢奋，也确定我的行为不曾对自己产生半点不快，可心里隐约地还是感觉有些不踏实，而且这感觉越来越强烈。我隐隐地觉得自己不该再继续咒骂下去了，这么做不太好，可我却又忍不住要继续这么做。直到有一句问话闪现在我的脑海里："这就是你要追求的自己吗？"

"这就是你要追求的自己吗？"我瞬间好似被这突如其来的问话给惊着了，不知该做何种反应。可这句无声的话语却如回音似的清晰地回荡在我的心底。我扭头分别朝两边看去，没什么异样，每个人都是平常的状态，没有人在意我。我深吸了一口气，想放松一下此时的状态，可是不管用。我再深吸一口气，同时运足气力想活络一下我的整个身体状态，同样也是无济于事。我越来越感到慌乱，心神不宁。我只想把自己调整好，先把手头的工作应付好，其他暂且放下。可还是不行，心慌意乱，六神无主，无法安定的感觉充斥着我的整个身体。难道是遭报应了？我被自己的想法吓了一大跳，赶紧在心里默念：我以后再也不这么做了，绝不会这么做了，我保证。

对于像婧婧这样的人和她的所做所为，我们不该有一点反击吗？我在很快认怂了之后，不由得又生出这样的疑问。她作恶在先，欺人太甚，是她逼得我不得已才这样的，难道我就只能坐以待毙？也许刚才只是我的幻觉？我不禁这样想，生活本来就是这样的，我又有什么好害怕的呢？不会有事的，我自我安慰。"看看你自己吧，想想你的过去吧。"又是一句，直击心底。这是我对自己说的吗？我看向周围，她们依然我行我素，交流、互动，自在若平常。可我怎么了？我一阵紧张，身上、手心里全都是冷汗。不能再乱想了，先工作，我不断地告诉自己，努力不让自己分心，不想其他。"不会对胎儿有什么影响吧？"我又有些担心地自问。应该不会吧，我心想。我开始有些懊悔自己的所作所为了。可是已经没有办法了，发生的已经发生，已无法被抹除。还是不想了，先工作，对，先工作，我对自己说。

我就这样尽量调整着自己，一直捱到了下班。尽管上班期间我努力让自己什么都不想，可我知道整个人始终都不在状态，好像被不明来源的某种力量给搅扰着、撕扯着。下班后我一个人静静地躺在床上去想，挖空心思地想，我也没能完全想明白。我记起了那段神秘的往事，一个人的未来可以被提前准确地预知，意味着什么呢？于我而言，说不清，道不明。

这个世界也许不仅是我们肉眼所看到的样子，也许还有另一面，我们所不知道且看不到的另一面，或是另一维度？也许生活也不仅囿于我们所看到、所熟知的一切，也许它也并非是我们理所当然所认为的那样，也许它还有超脱于其表层现象的更高一层的目的和意义，也未可知呢？

我被自己问住了，感觉不能再这么继续下去了，可不这么下去，以后再遇到类似的事情，我又该怎么处理呢？……也许是时候停下来把生活弄明白，要把人生想透彻了，否则又怎么去教育我即将出生的孩子呢？

我决定暂且放下自己对生活的偏见，放下因恶性竞争形成的仇恨理念，放下每日为了追求可见利益而焦虑不安的心情。我打算提早给自己放假，并利用这一段时间好好思考一下有关于这个世界及我个人的一些问题，我不想再这么稀里糊涂地走下去了。

我要追求关于这世界的真实，关于我们存在的真实。我要把整个人生弄清楚，我要把所有奇怪的经历弄明白。背后的玄机是什么？像我们这样的人生活的意义又是什么？我决定好好利用好这一段我不上班的时间。至于以后的事情，生活的每一步，就只能留待以后再相应地处理吧！

第六章　生活带来的启示

（一）

　　我辞职之后，为了节约家庭开支，便很快回了老家，留下尘一个人独自在外地打拼。当然，现在只剩他一人独自支撑着我们整个家庭。尘不知道我心中的所有想法，他只知道我是回家待产的。我也不打算告诉他，一是我不知道该从何说起，我怕他会感到莫名其妙；二是压在他身上的担子已经很重，他已没有精力去承受任何预料之外的负累。所以我的问题只能由我自己想办法解决。人愈长大愈成熟，愈会理解并且接纳真实人生：其实它的底色与况味一点都不浪漫，相反它是苦涩的、粗糙的。粗糙，所以待人去平整；苦涩虽是人生基调，却也不尽是苦楚，过程中会不时有战胜困苦后的自我强大的自勉之情，有自我强大之后妥善处理诸事的能力的欣幸之情，有因这能力得来的满足与荣耀之情。只不过这点快乐需要以最大的智慧与耐心用心经营好自己各方面的关系，方能尝得一点，否则便只能是一路苦果。生活中的方方面面都是如此，夫妻关系也不例外。再亲密的夫妻关系也要求双方各自都能独当一面，然后才有互相帮助、相互依偎的可能，任何一方都不要简单地指望另一方能完全替自己解决一切人生问题。如果真是这样，另一方又怎么可能会持久地去欣赏他（她）呢？而这样的关系势必也是不能长久的。尽管我们永远都处于共同组成的各类组织中，尽管我们也不得已要生活在这些组织之中，在任何时候永远都是组织中的一个个体。因此，需要通过自己的努力去适应各类事件、各种环境，如此才有可能生存在组织之中，这也是毋庸置疑的事实。

回到老家以后，我也会时不时地找李艳玩。她的生活几乎没有什么变化。

（二）

没有抚养过或细细观察过孩子的，一定不会了解生命本身的各种奇迹。从婴儿出生的那一刻起，世界便通过孩子这一媒介不断向人传达他的另一面信息。他昨天还不会对你笑，今天突然会向你展露笑颜了；他昨天还闷不作声，一如既往寂静地展示着他刚出生时的状态，今早一醒来突然就要和你咿咿呀呀尝试交谈了。同样的，某一天突然地关注起颜色来，某一天突然地执意要翻身了，某一天硬要坐了，某一天会爬了，某一天会走了……那么些个突然总是难免令人不解，好像有一套意识的程序被安放在了他们身上，令几乎所有的婴孩在大致相同的时间内及时拥有了某项确定的能力。

随着孩子的不断长大，我越来越忐忑，到底我该怎么去教育他呢？我自己都没活明白，我都不知道这世界是怎么一回事，我来这里的意义是什么？（很明显，生命的到来不是为了获取物质，也不是为了比拼什么，因为谁都知道到头来没人可以带走什么。）那我又怎么会有一套正确的理念去教育孩子呢？依据什么呢？

当我看见身边的人依着各自的想法能够从容地应对并处理好自己所遇到的各类事情时，我都会很羡慕他们，尽管我知道其实他们的想法并不一定就正确，也许不过是一种执念、一种偏见，起码他们因为自我标准的实现而拥有了目标、获得了自信。可我呢，我忽然找不到方向了，我的意义又在哪儿呢？

我的问题还不止于此，还有生活在现实之中的问题，也可以说是生存本身的局限问题，即当整个社会大众都在为追逐物质利益而奋斗不息唯恐会被落下的时候，当财富的多寡成为整个社会所认可的个人成功与个人存在的重要标准之后，当整个生活节奏加快，当时间也成为最昂贵的成本，致使人无法停下来稍微休歇哪怕一天的工夫时……在这样的环境里，选择退出，选择遗世独立，要承担的生活成本必然是相当高的。

退出不仅意味着自身所掌握的信息及个人与社会脱节，还包括物质方面、金钱方面的直接损失。最初我决定要独自带孩子时，我不是没有想过这些，只是当时我太想要弄清楚这个世界，想要追求一份生存的真实，忽略了没有弄清楚所要面对的结果。

还有，尘常年都在外工作，他每月会固定回来看我们一次，我们每日也都通电话，他很有责任心，可是我们的感情还是挡不住生存的压力、外界的诱惑，以及与身边朋友相互比较之后因心理落差给我们造成的困扰。每次他回来，有意无意中总会说一些话，他或说："你怎么现在穿什么也不好看啊？"或说："你脸色怎么那么难看啊？"或是每当他得知我们的朋友中谁家又买了车或是谁的妻子又高升了时，他态度沉默，抑或控制不住借别的小事来发泄他的情绪，都令我很难过。

我明白他所有反应背后的原因，我知道他正在隐忍着一切，我也知道他所用来支撑自己继续维系我们家庭的信心在一点点地减少，因为他看不到希望；还因为有点疲累的他，突然从日新月异、缤纷烂漫的外界中看到了另外一种可能性，这种可能性使得他意识到自己其实是可以不这么累的，是可以再有别样的选择的。诚然，这一项选择现在还比较渺远，只是缘于我的不合作，缘于现实状况的各种不佳，这一选择因此被拉近了距离，成为撕扯着他的各种力量之一，成为他情绪不佳的原因之一。婚姻存亡的问题几乎是在同时显现，再次意识到了一种危机感在迫近，在婚姻的关系里，我忽然成了被动的一方，结果的走向更多的不再取决于我，而是他。

这一发现，令我突然间失去了安全感，令我从根本上意识到婚姻关系的属性确实是相当脆弱的，哪怕现在我们已经有了共同的孩子，有了最直接的纽带，但实际上你还是你，我也还是我，我们还都是各自独立的，孩子并不能从根本上稳固我们的婚姻。一纸法律的文书对此也爱莫能助，因为它可以随时被撕毁。另外婚姻关系也不比亲情关系，亲情关系是有天然的血缘为纽带的，那么婚姻呢？一旦失去了法律上的关系便可以认定为毫无关系。这是我对婚姻关系紧张的缘故。而在尘的心里，为什么非要结伴继续走下去呢？既然现实让人如此沮丧，为什么不可以做别的打算呢？这是令他犹豫的地方。我们的关系由我怀孕初期的热烈，再次触礁转入到一个若存若亡的拐点之处。未来一切皆有可能。

回首过往，初次牵手时的那种"执子之手，与子偕老"的纯真浪漫的笃定情感，不知什么时候早已不复存在，早已被现实击碎，还要不要继续走下去呢？我们还没找到让我们一定要拧作一团携手相扶的力量或说是信念，我们看不到，我们犹疑，我们且行且观，我们的婚姻朝不保夕。但我不怪尘，我知道之所以到现在这样的地步，最主要的责任在我，不在尘。自我决定要在家里独自抚养并教育孩子时，我就对尘坦白了一切。我告诉他，我要从事写作、要探究生存的真相，也把其中的缘由全部都告诉了他。他当时也答应了我，当然他答应我并非是他真以为我能如愿以偿，只是觉得有必要成全我一次。因为我当时执意要这么干，所以他给我设定了一个条件，一年的期限。所以他该做的都做到了，各方面他都问心无愧；关键在于我，一年的期限早到了，我还要不要坚持呢？我该怎么办呢？

最后对我考验最大的还有孩子。原本我是打算在把孩子教育好的同时，抽时间做我想做的研究。可结果却是，不但我的研究没怎么开始，孩子也没有照顾好。这对我又是一个很大的打击，而且完全有违我的初衷。对于孩子的教育问题，当然不是仅仅空想一下就可以做好的事情。在很早的时候，基于我对自己的了解，基于这一项务必尽责履行的义务，就已经有了一个确定的计划。

我不希望孩子重复经历我的那些错误与痛苦，我不会简单地以黑白二分法告诉孩子什么是对错，或者什么是好坏，我不希望他像我那样从一开始就建立在错误的视角上，何况我现在已经分不清了。世界到底是怎么一回事呢？我想众人应是莫衷一是，我希望等他长大了由他自己去体验，我不便也无能告诉他全部。

　　另外，我希望自己能尽量减少与孩子的交集，生怕一个失意的自我会给孩子带去不好的影响。在很长一段时间里，我与孩子之间的互动，仅局限于身体的照顾与被照顾的关系。至于其他的，则是孩子安于他自己静谧的世界之中，我则忙于一个人照顾家庭的日常生活里。只是随着孩子渐渐长大，我们之间互不干涉的这种关系被打破了。特别是他一岁以后，很多在我看来，他根本不该尝试的行为，尤其是当这些情况发生而导致他自己受伤，或是弄得家里一团糟的时候，我身心疲惫，我的情绪一直不佳，在那种情况下会暴批他一顿。

　　结果常常是孩子被我尖声戾气的怒斥给吓着了，呆愣着不知所措，随后是一场不知该怎么办的、无助的、泛滥的大哭。之后是我发泄过后的无限懊悔，再去安慰孩子。好像经常是这样的一种场景，孩子是在这种环境里长大的。我生怕给他带去源于我的任何负面的影响，可我还是无可避免地影响到他了。

　　我和尘的矛盾也因孩子再次激化到不可调和的地步。以前尘每次回来，总是跟我提让我好好跟着别人学学怎么带孩子，让我多带着孩子到别人家去串门，还让我多看一些养育孩子的书籍。我之前觉得孩子小，另外我也不喜欢四处串门，所以孩子基本上是由我关在家里养大的。至于那些养育孩子的书籍，涉及幼小孩子的多半是营养方面的，我看了之后也没觉得有多大用处，所以我也就不再过多关注了。现在孩子大点儿了，当我越来越多地带他到外面去和别的小朋友接触时，我才发现，无论是在行动、语言及与外界互动的能力上，我的孩子都明显逊于同龄的孩子，而且我能明显地感觉到他胆怯、畏惧。

这使我很自责，使我更加痛恨自己，仿佛我又照着自己培养了另一个更加失败的我。每当看着他的表现，我就禁不住生气，生孩子的气，但更生我自己的气。在尘看来，原本我就有问题，尽管他不说；现在又有孩子的问题，当所有这些问题都指向我时，我与尘之间的矛盾就再也无法回避地暴发了。

那次尘回来，我们一起带孩子到游乐园去玩。当他看着别人家的孩子都能自如地玩，而我们的孩子要么是瑟缩在一角不敢和大家一起玩，要么是动不动就哭，他被激怒了。尘在大庭广众之下不仅大骂孩子，还打了孩子，我们回家后大吵了一架。在那次吵架之后，尘临走去上班之前，他对我说了要离婚的话。这是我们结婚以来他第一次对我说这样的话。我向来是一个自尊心很强的人，特别是在婚姻的关系里，我容忍不了伴侣对我说哪怕一句轻蔑或不尊重的话，所以当听到尘慎重考虑过后的"我们离婚吧"的话时。我知道，是时候了，有必要对这段关系做一个了结了。既然他感觉这段关系带给他的是沉重，是负担，他要解脱，那我也就无须再多辩驳或解释什么了。那样只会令自己的另一半看不起自己。不管代价有多大，哪怕我一时找不到好一点的工作，哪怕我将会在很长时间内生活窘迫，我也要答应，我的尊严要求我要答应。很快我就给尘回了一条信息，告诉他回来立刻办理离婚手续，否则的话就等法院的传票。

做决定是容易的，再难的决定也不例外，因为那是给你之外的人看的。但能不能承受这一决定，要怎么承受则是留给自己的。当我迅速做出决定并发给尘以后，静下来独自面对自己时，我才发现，原来有些东西是很难割舍的：一起经历了那么多，一起扛过了那么些生活中的大小事情；有过甜蜜，有过争吵，有过犹豫，有过摩擦，相互重新认识后更加紧密的时刻；当然更多的是互相安慰着一路相扶，好不容易才走到了今天，却忽然就这么散了！就这么散了，可能以后彼此再也没有了任何联系，我不由得痛从中来，悲从中生……

我错了，我知道是我错了，在尘扛起整个家庭的压力时，在尘顶住外界日新月异的变化对他造成的心理落差、只为满足我的心愿时，我又做了些什么呢？

是啊，我自己都不自信，都不能解决自己的问题，总是想逃避一切，却又忍不住怀疑一切，最终仍无法抛开一切，被迫地要纠缠其中，但却又做不到无动于衷。于是便只有自怨自艾、自我指摘及自我矛盾的痛楚，便只有厌烦与暴怒的情绪；于是在处理事情及与人互动之时所表现出来的，就只能是身体的与语言的本能情绪反应，只会是机械的、简单的、命令式的口吻与武断的话语。如此，又怎么能教育出好的孩子呢？更何况孩子时时处处都是以我、也只能以我为模板！我错了……

第一次，在我极其懊悔的内心世界里，透过弥漫着情绪的烟雾，我辨清了自己。第一次，我一向游走于外部世界的目光，一向只顾及外部世界的思绪，不再以外界为参照，而是完完全全转向了我自己。

这是心灵受到强烈重创后被迫做出改变的过程，只有经历过的人才能体会到。这时人不再会简单地指责别人或指责世界，抑或以周围的眼光来指责自己，而是完全进入到自己的内心，不断地反省自己，认清自己，终至了解自己。这一转变只会在你最在意的人给你带来程度相当的疼痛时发生，因为只有他是你用整个身心与之交流的。

我进入了自己的内心世界，我不再停留在情绪的阶段，我学会了理性地辨析自己的心理。

尘帮我打开了这一窗口，让我看清了自己，当然这是后来我才意识到的事实。

我想婚姻的可贵之处在于这一关系的特殊性，这一关系将夫妻双方以共同体的形式置于生活无尽的压力、困惑与诱惑当中，他们因此而知己知彼，因此而相爱相杀，因此而共同体验、共同面对不可对外诉说却彼此都心知肚明的人性，因此而彼此成为对方的一面镜子，照亮了彼此，醒悟了各自的人生。这是任何其他关系所无法做到的。我想这就是人要走进婚姻的最重要的原因吧！——它为我们各自的成长提供了最无与伦比的机会。这也是那些仅以半开放的姿态与对方相处的情侣关系所无法体会的一种境界。

我的信息，尘没有立刻回复。可是在我心里，已经打定主意，不管以后我们的结局如何，不管我将来的境遇如何，我都要在保证我和孩子正常生活的前提下，优先解决我自己的问题。因为我发现，一个人如果自己不强大、不自信，那么无论他做什么都是很难做好的。

我再次捡起了书，在悔恨的泪水一次次冲刷过我忧戚无助的心灵之后，我决计要靠我自己去解救我自己。我也决定抽出大量的时间去看各种幼儿教育的书，我相信孩子的问题既然因我而生，肯定也能因我而解。

尘在两天后回复了我的信息，他说，他希望我们都能冷静下来认真考虑一下我们各自的问题。他说，他当时也是有点儿气急败坏，所以说出了那些话，他还是很珍惜我们这个家的。

我没有着急回复尘。我想他也是知道我的，我又何尝不珍惜我们这个家呢？只是短信上不便于细说，所以我想等他下次回来后我们再敞开心扉细谈。现在最关键的问题是，先消弭这两天因我情绪给孩子造成的不利影响。

我从网上查看了很多关于教育孩子的资料，孩子的问题多数源于照顾他的亲人，而不是孩子本身。可是一时之间，我该怎么改变自己呢？我还是没有方向，找不到具体可供我学习如何改变自己及如何教育孩子的操作手册。

又是一次偶然，我的生命再次被偶然改变。那是一场免费的幼儿专家讲座，我是从马路上的阅报栏里得知这一消息的。因为消息知道得比较晚，所以当我带着孩子匆匆赶到会场时，讲座早已开始了。但我还是从这一免费讲座中，不仅得到了有益于孩子教育的知识，而且也获得了开启我今后人生智慧的一些重要的启示：一是满足孩子的需要，孩子也是一个独立的个体。二是知道弗洛伊德这个名字。

特别是在我听到上述第一点时，我心中的迷雾好像一下子被吹散了，我终于意识到自己的问题所在了。我的问题在于我从来没有把孩子当作是一个独立的个体，虽然我懂得尊重孩子，但我始终不从孩子的角度去满足他的需要，而是以自我为中心，竭力安排一切，好让他来适应我。现在我好懊悔啊，我知道我以前的的确确是做错了，而且是大错特错！

另外，弗洛伊德这个名字，也是我从这个讲座中听到的。台上的专家多次提及这个名字，他说他从弗洛伊德的著作里获得了很多教育孩子的灵感。所以回到家后，我就立即网购了弗洛伊德的最著名的几本著作，希望自己也能够全面地学习一番，好在以后教育孩子的过程中有所借鉴，以避免再出现什么大的过失。

我本想通过学习弗洛伊德的书解决如何教育孩子，结果我不仅学习到很多关于育儿的知识，同时我也因这个过程而一点点踏上了解决自己问题的征程。这是我没想到的。我由弗洛伊德进入到心理学与哲学的广阔天地，我为他的新颖的视角与精准的思辨所吸引。后来我又搜集了更多类似的书籍，古今中外的都有，孜孜不倦地汲取着这些让我耳目一新的知识。渐渐地我的一些疑问在这些书籍中得到解决，渐渐地我也对人生方方面面的情况有了大致的了解，我不再迷惘，我的状态也越来越好，尽管还有很多问题暂时没有得到解答。

我也会不时地去读一些文学作品，不时地通过练笔以提高我的表达技能，我对自己还是有相当期许的。我希望有一天我真的能够如我所愿地写一部令我自己满意的作品。这样，即便我不能把这世界弄清楚，我也要把这看似纯物质的世界打开一个缺口，好让他人看见它的内核，看到它的魔幻之处，以便将来能有人将这个谜解开。

生活总是劳累的，我们也总是不时地被要求去应对各种琐事。以往我就是在家庭主妇的角色里失去了自我，以致到最后，感觉自己在各方面都很失败。现在我吸取了教训，无论生活多忙多累，每天我也总能抽出一点时间，让自己静下来看一会儿书。现在，孩子已经因我的改变也一点点有所改变了，他渐渐地敢于表达自己了，渐渐地变阳光了。现在我也一点点理清了在孩子成长的过程中到底我处在什么样的位置，扮演什么样的角色。我的理解是这样的：自孩子出生之后，就如同事实上所存在的那样，他就是一个独立的个体。以后他也会有自己的人生，有他的选择，有他的路。所以我所要做的便是欣赏他，所能做的便是适时地扶正他，使他将来成为一个真正独立的人，一个会思考的人，一个无悔于自己人生的人……

我越来越满意于现在的我，每一天都努力做一个更好的自己。这一次事件之后，我感觉自己好像成熟了一些，也通达了一些。而这些改变，我想我该归功于我的孩子，是孩子为我带来的成长。以前，烦累交加的时候，我总会忍不住埋怨曾经的自己，为什么一定要孩子呢？没有孩子不是更好吗？现代人谁还指望孩子去养老呢？可现在，对于要孩子这件事情，我不再抱怨，我有了新的理解：父母有了孩子，同时孩子也有了父母，这是彼此双向提供的一种机会，互相完善了彼此的人生。因为这一关系的生成，父母有机会从各自原生家庭中被教育的角色，转变为现家庭中教育人的角色，便于其从更全面的视角去审视各自的人生，有利于人的成长与成熟。同样因为这一关系的生成，孩子被带到了这个世界，有机会去体验与创造自己的人生了。

可这里有一个问题。我突然想到，孩子本身是否愿意来到这个世界呢？他可以选择吗？如果说我们的生命就只有肉体这一种形式，一切以肉体的生灭为始终的标志，当然孩子是无权选择的，那么生命也是无意义的。体验与不体验，成长与不成长，占有与不占有，都没有意义，结果都一样，即生即灭都遁形于虚无。一切的个人，整个世界都将毫无意义。不是吗？可难道就是这样吗？我不相信是这样的。我经历过李艳的事情，经历过她对我的预言成真的事情。另外，最近我看过的一些哲学与心理学方面的书，也有关于灵与灵魂的零星半点的记载，所以我相信存在另外一种事实真相。只是我还参不透那到底是怎样的一种真相？为什么从没有人将这一切说清楚？又为什么从一开始就要让所有人在混沌中迷迷糊糊过日子？这世界的真相到底是什么？

越想知道答案越没有答案，人是最受煎熬的。我记得那些天为了一定要把这世界弄清楚，为了早一点找到答案，我天天晚上熬夜看书。感谢我们这个伟大的时代，伟大的国家，现在想看什么书，都可以从多种渠道获得。我看了很多东西方名著，比如苏格拉底、柏拉图、荣格等名家著作，比如《老子》《论语》《庄子》及

《史记》等若干书，也看过多本统合心理学与哲学的书。我了解到其实由古至今有很多大哲学家都承认，我们的宇宙是由某一最高意志或说是上帝或老天爷创造的。名称不一样而已，但意思相同。我在《道德经》里也发现了类似的论述："有物混成，先天地生。寂兮寥兮，独立而不改，周行而不殆，可以为天地母。吾不知其名，强字之曰道，强为之名曰大。大曰逝，逝曰远，远曰反。故道大，天大，地大，王亦大。域中有四大，而王居其一焉。人法地，地法天，天法道，道法自然。"及："视之不见，名曰夷；听之不闻，名曰希；搏之不得，名曰微。此三者不可致诘，故混而为一。其上不曒，其下不昧。绳绳兮不可名，复归于无物。是谓无状之状，无物之象，是谓恍惚。迎之不见其首，随之不见其后。执古之道，以御今之有。能知古始，是谓道纪。"及："天下有始，以为天下母。既得其母，以知其子，既知其子，复守其母，没身不殆。"结合整本《老子》通篇读下来，其中关于道的讲述，我认为"道"所包含的意义其中也包括此两点：一、创建与规划了我们整个宇宙，是类似于人、但能力与智慧远远超越于人之上的一种统一体的形象。二、基于道的原则创建了宇宙，因此道是有道可寻的，有一定法则与运作规律的，故而才可能有"人法地，地法天，天法道，道法自然"一说。

难道真有造物主一说？可是如果真有这么一位能力巨大的人物，那为何他不把我们这个世界造得完美一些呢？为何还要让人间有那么多的不幸与灾难发生呢？为何有那么多造成人间疾苦的不公平的事情呢？又为何在一些人痛不欲生的当口，他不能施以怜悯之心，或给予哪怕一丁点儿的帮助呢？为何他不从人心深处将全部的黑暗与邪恶祛除干净，以免日后生出事端呢？又为何会眼睁睁地看着一些人残暴恶毒地对待他人，而不管不顾、无动于衷呢？

那就是没有万能的造物主？难道我们的存在、世界的存在最终就是一场梦，只是偶然的存在而毫无意义吗？我也看到过好多抨击上帝存在的书，他们原本对上帝是有一些期待的，他们期望他能主持公正，可最终他们却不得不绝望地用恨与泪写成了一篇篇对上帝控诉的文字，非难的文字与诅咒的文字，从而不得不认清现实。

我也曾试图从宗教中找寻答案。我看过几页《圣经》，它无法说服我。我也想看一些佛教的教义，希望能从中得到点启示，可是面对浩如烟海的经文，我到底该从哪里入手呢？另外，我记得在哪里看过一句关于禅宗的话："教外别传，不立文字。"那现行流通的文字岂不是违背了禅宗的初衷？并且想要成体系地阅读所有的经文，于我而言也是有很多现实的困难的，于是很快我又放弃。

那到底是怎么一回事呢？我记得在这样一种模糊不清的心境下，在苦苦思索还不肯放弃、不知前方在何方的心境下，我的整个状态一直是纠结与不解。在一天的上午，那是初冬时分，室内极其安静，外面刚刚飘起了零零星星的小雪花，我一个人因看书累了而半跪在沙发上，在我托腮望向窗外的某一瞬间，奇迹在我的身上发生了：一束炽白的光毫无征兆地直入我脑海，紧接着是一幅接一幅的画面十分迅疾地闪现在脑海里。那画面仿佛电影桥段一般，抛却日常生活的繁杂与琐碎，直取重点情节，连贯且完整地向我展示了自我参加工作以来，内在于自我的意识主体（或许那就是灵魂？我的心灵？）不断自我求索与求证的过程。这是沉迷于嘈杂的世俗生活中的我，正当经历之时所无法辨析清楚的。

通过这光中的画面，我看到了我刚参加工作时自我意识的状态及欲求，我看到了这一意识主体伴随着我的经历而一点点发生变化的过程，一步一步，直至最后，我看到了我决计要提前辞职的画面，看到了我当时的状态。明了了当存贮于脑海的、由社会而来的那一套思维要求我拿起邪恶的大棒时，是什么力量帮我阻止了这一切，是源于自我对自我本源性的懵懂认知。懵懂认知，是基于当时对这个世界看不见的另一面的畏惧心理。可在这一刻，这一懵懂认知借由这束光所带给我的视角，让我完全明了了，那是意识的主体或说是心灵的最深层与世间所有人同属于一体的同根性，是这一认知及包含这一认知的更广大的意识集合。适时地向我发出了爱的呼号，要爱他人，然后光消失，我得到了爱的启示。

刚才是怎么一回事？当那束光骤然降临又快速消失后，好长一段时间里，我都无法做出反应，我无法解释刚才发生的那一幕。

然而有一件事是肯定的，跟着这束光回看我过往的生活经历，在我认清生命的本质的同时，我也被完完全全地整合了。我不再有与自我不合作的分裂之苦了，不再有源自社会的一套思维与源自心灵的另一套思维之间的争斗了，我好像站在更高层面上看待这一切，以往的矛盾都不再是矛盾，也不再能给我带来任何不适的感觉了。同时，我的理性被激活了，我的人生被理顺了，我不再是碎片式的、零散的、模棱两可的片段思想的组合，而是上下贯通一致、拥有明确意义与目的的个体。我发现我可以写作了，如同我自己的思想一以贯之那样，我确信我也拥有了谋篇布局一部作品的能力了。

从这天起，我拿起了笔开始一点一点书写我的故事。我实现了我最初的理想。当然，我不得不承认这与我的意志或其他个人的优点无关，而更多是机缘巧合。想来，我也该感谢我高中时的叛逆，为我打下了那么一点语言的基础，让我要表达的时候，可以找到相应的词语来达意。一件事情是对是错，是该庆幸还是该惋惜，人生的可能性谁知道呢？所以我想，最关键的是，我们要认真对待人生的每一步，不必非得人云亦云，但一定要对自己负责，如此不管以后会怎么样也就无悔了。

我找到了人活着的意义，同时也找到了新的生活之路，并为此欣幸万分。我记得那天带孩子下楼出去玩，当世界一如既往地展现在我的眼前时，我的感觉却不同了。尽管天还是那片天，地还是那片地，人还是那些人，我有一种与天地万物融为一体的感觉，好像天地万物刚被创造出来的那一刻，一切都和谐静谧，一切都新鲜安宁。要爱，要互相爱，人和人该是这样的关系，我明确了。

我徜徉于新世界里，感觉很满足。我不再纠结其他还未解答的问题，我都忘了还有其他的问题。现在的生活于我而言是可人的、可心的，我能够一边照顾好孩子，一边从事我向往的文学创作，这样的生活是我曾经羡慕的，所以我的心安定了。我努力在现在的生活中滤掉了与当前生活无关的其他疑问。

我忘了去追问那一束光是怎么回事，忘了在我发现世界的本质之后应该继续探究下去，以彻底了解这个世界的真相。我仅是沉涸于新的生活，并在新的满足中又滋生出新的期盼。我期盼能尽快地把我的小说写完，也希望它能顺利发表。我还期盼有朝一日能够仅通过写小说便可以获得稳定的收入，如此我便无须再去找其他工作，如此我便可以专攻这一件事，并把这件事情做成一项事业。当然我更期盼自己能写出更多更好的小说，我希望我能成为一名拥有众多高质量作品的作家。人生是在过往的基础上一步步走出来的，这即是我当前最大的理想。

人从懵懂中醒来，谁也不可能先天性地就知道自己这一世到底要怎么走、怎么过。理想的由来也不过是在自己的不满足中，基于对自己的了解，参照自己所看到的其他人生的千百种状况，生出的一种面向未来的热望。没有谁是天生的圣人，天生的引领者，也没有谁生来就被指定为弱小者，逆来顺受者。生活之路是我们自己开辟的，是我们与生活发生碰撞之际，生活向我们展示它的美丽、它的哀伤、它的诱惑、它的诡诈及它的众多无法预测的多面性，是我们的思考与我们的反应等联合为我们带来的广阔的天地与视野，是这些再次重塑了我们的生活之路。

漫漫生活之路在我的眼前展开，我认为我已找到了自己今生最伟大的目标。对此，我也是信心百倍。漫漫生活之路在每个人面前延展开来，又无时无刻不在变化，我们每个人又岂能仅有一种可能性呢？我们又怎能过早地画地自限呢？我们该通向更伟大的自己。

第七章　这世界，那世界

　　我的第一部小说很快写完并顺利发表。以前每当提及那些职业作家的写作，我以为他们书写的最大目的就是要取悦读者，可通过我自己的实践，我明了了，其实写作同任何其他创造活动都一样，它首先愉悦了创作者本人，完善了他自己，证明了他自己，让他在更大程度上了解自己，知道了自己的能力及今后对自己更进一步的期望。给别人看，只是一个其次的问题，是创作之后与之外的问题。小说完成之后，我对人生有了一个更直观统一的看法，我的一些执念与偏见被修正了，思想中晦昧不清的区域被理清了，我因此更了解我自己了。同时我也更加清楚该如何处理人与人之间的关系，我们本是同属于一体，爱是我们最根本的本质。我也全然明了了老子之所以提出"以德报怨"的理论之所在，它所基于的应该正是这样一种本质与事实。

　　我欣喜地望着眼前的生活：孩子已上幼儿园了，而且很活泼，他早已走出因我教养不当而给他造成的阴影。我和尘的关系也恢复正常了，而且比以往都更懂得要彼此尊重、彼此扶持、彼此珍惜，知道要一起好好经营一个家。尘还是在外地工作，不过现在可以两周回来一次了。他也有过回来工作的打算，只是我们的小城市工资太低，加上我还想继续写小说，几乎没有什么收入，不能与他共同承担经济压力，所以他也只能选择留在外地，继续我们之前的生活模式。不过，尘也表示，他挺喜欢这种生活模式的，这样他自己可以完全心无旁骛地专注于工作，而不必有琐碎的生活牵绊。当然我也很适应这种生活，它让我有足够安静的时间与空间去创作。孩子亦是自得其乐于这样的生活，他也并未感到有什么缺失，现代科技帮助了他，让他和他爸爸的关系非常亲密。生活安定了，安宁了。曾经状况百出的家庭生活现在一切都和谐了，都静下来了，波澜不惊，日复一日。原来幸福生活是这样的。这就是生活，这也才是生活本来的样子。

一天，当我一个人静坐冥思时，我才恍然意识到这个问题。生活不可能永远停留在男欢女爱式的浪漫阶段，进入生活就意味着要与柴米油盐打交道，就意味着要从既有的满足基础上再去寻求新的满足，就意味着为此要承担新的压力，要经受生活的各种新的诱惑、摩擦与分歧。文学作品中的爱情不过是艺术家的有意作为，或许也是出于他本身的一种渴望——希望生活永远停留在最美的阶段。所以艺术作品中这些伟大的爱情，往往在热恋的阶段时作者就以各种缘由不再让其继续发展了，所以对于下文我们永远不得而知。

在我想明白这个问题之后又一段时间，尘也向我提出了同样的问题。他说，生活就是如此吗？为什么有些人能把生活过成神仙眷侣那般？我明白他指的是哪些人，我们对于爱情的概念最初都是由文学作品那里而来的，所以我把我的理解说给他听，他非常赞同。可是我又生出了新的疑问，只因为这样的问题被我老公提出，我敏感的心不得不考虑第二个问题：既然初期无论多么轰烈多么浓烈的爱情也有厌倦的时刻，既然人的天性就有不断变换口味的需求，那么为何要有婚姻这一制度呢？是不是不符合人性呢？以及世界上的各种其他制度，又是基于什么缘由而被设定的呢？

还有一件小事，再次引起了我对以往持有且一直未得到解答的那些问题的追问。常年在我们小区门口卖饼的两个中年妇女，有一天竟因为争抢一个顾客，在大庭广众之下互不相让，毫无顾忌地互相辱骂并厮打起来。这让我想到了我的过往，因竞争而导致同事之间矛盾升级以致达到不可调和的地步。我突然想质问上苍，既然要让我们互相相爱，那么为什么还要设置或是有限的资源或是各种不平等的关系等种种障碍，而又令我们彼此不悦呢？为什么不能从一开始就建立一个更为和谐的社会？为什么要让我们有这么多矛盾，这么多分歧？为什么要让我们有这么多痛苦呢？这一切又是基于什么目的和意义呢？

如果创世之初，我们就被指定为只能走一条路，只能有一种选择，只可以相爱，那么我们的天性势必要我们违反规则，而摩拳擦掌、跃跃欲试则会成为其他的可能性。如果我们的天性也被限制，就像机器人那样只能依据有限的数据库做出有限的反应，那么我们就不是现在的我们，世界也不会因我们的创造而大放异彩。基于这个原因，我们各自才有无数种可能性，才拥有无限的创造的能力？或者反过来也对，因为我们要有无限的创造的能力，所以我们才不被限定，是吗？

至于为什么要有贫富、智愚、贤不肖之别，有各种不平等，亦是为了让我们从这矛盾和分歧中发现问题，从而思考，从中得以让我们意识提升，直至明白所有的一切，是这样吗？

好像在我思考的过程中，我又感受到了那束光。那束光是什么呢？在我遇到矛盾，发现问题并痴痴地思考之后，我拥有了答案。那么那些答案来自哪里呢？同样的问题，我们人类很多的创新，那些灵感是来自哪里呢？还有人类意识水平的发展——三十而立，四十不惑，五十而知天命——大致也在一个相同的时间周期内，这又意味着什么呢？还有平日里我们每个人所偶有的一些灵感之类的想法，又是怎么来的呢？是不是与那束光有关呢？可那束光是怎么一回事呢？怎么来的呢？很显然，它不为人自己所主，虽然它最终为人所属，同时它又不是人思考的产物，虽然他与思考也有着千丝万缕的关系。结合我的经验，在我感受最深的那一刻，我感觉它更像是在回应人内心的疑问，突然间显现在人内部的一缕能量的光照，并在刹那间映照出人存在的全部实相，不受干扰地自动排除了世间一切他物的无关紧要的萦绕，将存在的诸多凌乱、无绪与不得章法的认识一一照彻，然后以一种洞彻全部的明晰性厘定目前的所有纷杂关系，向人呈现出一种高于目前意识的更高的洞见，以这样一种定见展现在人的心里，为人所把控，成为人的一部分。

它的由来，与人不断地要在纷纭变幻的世界中求得认知有关，是人探寻世界的结果，却不是必然或唯一的结果。所以我想，那光应该是一些具有智慧灵性的光束，而它们的来源正是我上次感知到的包含"我们所有人在内心深处的根部同属于一体的同根性"的这一认知或更广大的命题（好像包含天地间万事万物的本质和起源的认知及其他）。而这些光如同它们的本源，如同太阳的光线，应是无选择地照向任一宇宙空间的，所以每个人都可以感受到的。

但事实却是，只有那些肯向它敞开怀抱的万物才能接收到它的照耀。因为大多数的我们关闭了与它沟通的渠道，我们与之沟通的渠道在于我们的内心，即当我们的疑问与智慧的灵性发生共鸣时，我们才会获得智慧的灵感。而绝大多数的我们在世俗生活中则将心思完全聚焦于外部世界，所以我们是无法接收到那些智慧的光照的。而只有当我们因各种原因主动或被动地从外部世界抽离，并转向自我的内心求证时，精神才有可能摆脱掉尘世堆积在心灵上的灰垢，让那个内在的自我一点点地苏醒过来，移除遮蔽，抛却压制；这时我们才会被照耀，被照亮，我们才会有所体悟。对吗？

与宇宙中存在的智慧灵性发生共鸣，并因此而发生灵性沟通的那个内在的自我、精神的自我就是我们的灵魂，对吗？我们本身就是一体两面，这一体两面实实在在且又确有所指；我们所创造的机器人即便能问出与我们相同的问题，但是它们却无法解答、无法创新，也是缘于此，对吧？

一些新的意识就是如此被填充进我们的内在的，然后人才能真正地意识到自己的成长，是这样吗？只是这种成长并非是自己主动的意愿或是意志，而须借助一个个外在的契机——那些源自生活的种种促使个体独立思考的机会及需要独立思考的问题。

生活是必须的，物质的世界与精神的世界是相辅相成的，所以天天把自己关在书屋里的人，一味地仅以书里的知识为基础，再从书中寻找相关问题而去做学问的人，即便没有误入歧途做出一些假命题，也定是难有大的突破的。正如荀子所言："吾尝终日而思矣，不如须臾之所学也。"同样，如果一个人仅着眼于生活，仅着眼于物质世界的种种，那么他的精神世界亦是相当贫瘠的。他定也不会很快乐，因为寻来寻去他会发现，一切都是靠不住的，他在哪里都找不到自我内心的满足。

　　所以一切都是上天创造的，是上天有意而为之的结果，是吗？如果是这样，那为什么要有罪恶、有邪恶、有阴谋、有暴力、有惨绝人寰的事情发生呢？为什么要允许恶人存在呢？对了，我也曾以恶制恶，可是，不正是因为我在向自我的对立面走去时，我才发现存在于自我及世界的各种矛盾吗？我才会寻解关于我自己及整个世界意义的答案吗？我才找到了答案并最终明确了自己的身份，不是吗？如果我一直在一条路上走，从未经历过我的另一面，没有我的那一面，我就看不到在自我中所存在的矛盾，也就无法向自我提出问题，从而使自我意识得到提升，也即意味着，我永远还有另一种可能性，若未曾尝试非我的一面，便永远不能排除那另一种可能性，也求证不了我的真实身份，不是吗？对了，这不正是辩证法吗？经历过正面，经历过反面，从正反两方面分别论证，找出其中的矛盾性，最后寻求更高的解释。

　　同样，是否上天最初便是基于此理念而创造了我们和世界呢？所以万事万物中都存在自我的对立面，一天中有白天和黑夜，四季里有严寒和酷暑，自然中有高山和峡谷……而我们每个人的天性中亦是有爱的一面，也有恨的一面，有光明、善良的一面，也有阴暗与冷酷的一面。正是因为我们拥有多元的本能，我们才能有全方位的体验，也正是在全方位的体验过程中，我们发现了在自我中所存在的矛盾，使得我们不得不对自我及这世界提出质疑，从而才能寻到最高的解释，从而才能找到自我的真实身份，不是吗？

对了，《道德经》中不也有记载吗？"道冲，而用之或不盈。渊兮，似万物之宗。"所以善与恶、白与黑都是必要的了？难道仅是这个原因，就要设立一些天性极其坏的人吗？就要在人间制造一些非人的折磨与苦难吗？难道不能有更好的替代方案了？对了，我也曾短暂邪恶过，那我也是坏人吗？不，不是，我是被形势所迫。那，那些人呢？既然我们都有良知，那是基本的情感本能，难道说，他们也是不得已而为之？或者，只是因应于周围的环境，及为了他们自身的利益而不得已做出的反应？正如"驴骡犊特，骇跃超骧"，是自然的反应？可如果是这样，那上天为何在一些状况下总是任由事态朝着恶的方向发展，而不闻不问，不管不顾，直至造成无法挽回的损失呢？

从一开始我不就得到了"我们被赋予无限的自由选择的权利"这一充要条件吗？如果上天又来干涉，是不是就达不成后面的结果了呢？所以我们的生活应该完全由我们自己来解决，不是吗？可是，现实为何事与愿违？

"道生一，一生二，二生三，三生万物。万物负阴而抱阳，冲气以为和。"是否意味着人类的世界就像太极图所描述的那样，万事万物不过是在圆的轨道里无尽地衍变着、周行着，又万物归一，在无尽的循环中彼此相生又相克呢？所以，恶的生成绝非是天定，它应该既有来自我们彼此之间互相作用互相影响之结果，又有来自个人的原因，特别是个人的原因。

在相对的世界里，在精神隐于物质的生活里，在自我矛盾的属性里，在人与人之间各种矛盾的关系里，恶的根源首先源于不重视或忽略内在自我的呼唤；然后是一些人因过分沉湎于物质世界的种种，过分贪求物质层面的享受，恶的因子由此种下；一些则是感觉自己被他人或被环境背叛、伤害而被激怒，从而报复致使犯下罪行；还有的则是因为从一开始就被灌输了错误的理念，而后一路错上加错，终致结出恶的果子；又或者是这几种之间的交互作用等等，不一而足。

恶最根本的原因便是忽略了与内在自我的沟通，那个内在的自我从没长大，他的声音从未被重视。而如果他的内在一直与他本身保持良性沟通，即便有一天，迫于形势他不得不放弃原本的自我而走入了非我的一面，在他体验非我的一面的每时每刻里，他仍会聆听到内在的那个自我对非我的呼唤，因此这时他会犹豫不决，会有自我撕扯的感觉，会自我排斥、自我厌恶，甚至会自我分裂。随后，也许会更进一步，自我在非我的路上愈走愈远——自我强行抑住内在的呼唤，自我习惯性选择沉迷于眼前世界。直至生命中的某个特殊时刻与特殊事件与他相遇，考验他的时刻来了，他要在由他人灌输而成的外部强加的意识与他本人本性的意识中做出选择，要在利益和良知之间做出选择，要在向下的不择手段的动物本能属性里与向上的人的真正理性里做出选择。这时他会回归，内在的那个自我一刻不停地提醒他、质问他，良知紧紧地揪住他，他记起了自己的身份，他明白了自我，知道了今后要走的路。厚厚的外部世界强加给他的那些理念破碎了，他又做回了自我。

如果是这样，如果我们既要经历自我又要经历非我之后，才能找回自我，那么是否意味着我们就一定要作恶？

如果明知那是恶，那是于人于己都不好的事情，明知不可为却强为，那最终不仅是害人害己，也是对上天既赋予人爱又赋予人最大自由的用意的极大误解。事实上，如前面所理解，那恶不该是人有意要做的害人害己的事情，而是在一些关系里，人不得不为制衡他人来捍卫自己的权益而做出反应。因为如果你一直对无底线地侵犯你、攻击你、以为你无能而变本加厉对待你、且以此扬扬自得的人采取容忍及宽容的态度的话，那么在某种程度上可以这么说，是你纵容了他人的错误。

所以对你还是对他人而言，这绝不是好的策略与主张，一些基于教育目的的反击是该有的，但不分青红皂白、不针对具体人和事，完全笼统地以"以德报怨"对待所有人、所有事的做法是不可取的。所以有时战争是不可避免的，尽管我们反对战争、厌恶战争。事实上，人走向非我的一面，只是说相对于"绝对的、毫无条件的人与人之间的爱"这一我们最初的来处而言，并非就意味着我们一定要做坏事，一定要作恶，一定要做与人性本来的善完全相冲的事情？人来到这个世界，缘于这个世界的种种矛盾，要求得生存，人都会走向与绝对的爱多多少少相左的另一条路。正是通过这个非我的过程，人才发现了其中的矛盾，也才会提出问题，从而真正认识自我。是否真正的真相是，我们来这里，就是要通过生活所给我们提供的各种机会来不断地学习，不断地创造自己，直至成为最伟大的那个自己？这才是我们每个人存在于世界的意义？若每一个人都是如此，则每一个灵魂都是伟大的。

我又有了一个问题。就算是这样，那上天为什么要创造我们，要创造这个世界呢？

在某一时刻，我好像聆听到一个声音，那是来自心灵的声音：没有你们，我便无法认识我自己，通过你们，我见证了我自己。同样，你们也在这一过程中不断地创造了自己，见证了自己。你们的意义就在于借助你们的生活，体会生命每时每刻的欢乐、自由、悲伤、愤怒、光明、黑暗，及由此过程让自我意识提升。

黑格尔说过，一种至高无上的"理念"创造着一切，也即是说，在世界及宇宙产生之前，存在着一种没有形体的、精神的"理念"，这一理念为了理解自己、认识自己，而创造了我们。因为任何事物都不能自我反映，但是通过我们——他的创造物，他见证了自己，认识了自己，通过创造这个过程——把理念转化成实践，"他"实在地体会了自己，是吗？

所以上帝或上天的形象应是我们全部万事万物的总和。所谓，我的思考即是我，我即是我思考的全部。现在我们所有的万事万物即是上天思考的结果，反过来亦即为"他"。所以我们是作为上帝或上天为认识与经历他自己而被创造出的一种存在。但其实上天或那最高理念本就是存在的，只是通过创造这一整个过程，他实际地体会了自己，认识了自己。同样，我们本就是基于"爱"的理念被创造的，在那一刻我们就已然了解了自我及世界的根本，但我们也要通过生活这一过程，去检验与体会自己，直至最终确认我们的身份，然后回归到本就属于我们的位置中去，对吗？

所以人类、世界、宇宙乃至于万事万物都是上天的或说是那一最高理念的创造物，对吧？我们还在不断地变化、延展之中，但其实结果早就被预设，就像任一创造活动，哪怕像我目前的写作，其实在实际动笔之前我就已经有一个大概的想法，我就已经知道我要表达的中心思想是什么，然后才有方法论、步骤与程序的产生。所以我们人类、整个世界、宇宙及为调节我们彼此之间的关系而设立的种种规则、秩序都是大一统于某一宏观的目的之下的产物。所以过去、现在及将来都只是过程中的一个步骤，也因为务必要有此步骤的原因而产生了时间。但其实可预料的结果在所有产生之前就已存在，只不过在我们被创造之前，一切仅是在"他"的理念当中，但我们被创造之后，结果在我们的现实中呈现。而"他"的理念也同时被验证。

所以这世界这宇宙所存在的各种规律都是有迹可循的，对于这些，我们仅是发现，不是创造。但是，通过不断探索我们的世界，通过获悉与了解越来越多的规律，我们不断提高了我们的科技，科技的进步随之又丰富了我们的生活，推动了我们的进步，以及每个人据此而为生活所做的种种努力。反过来，我们对生活与科技的影响与创造，带来的对世界探索能力的提升、对生活品质的提升，通过所有这一切共同推动的整个生活链，再经由生活这个过程，我们每个人得以不断地了解自己，探索自己，重新认识自己，进而认识身边的世界。我们才有可能创造自己，提升自己，以及重新塑造符合我们大众新的认知的世界。所以，把我们自己通过生活创造成什么样，这一权力掌握在我们每个人自己手里，是吗？也因此，由于整个人类的意识一直在不断地变化，所以才有了属于整个人类历史的发展和变化的可能，是吗？

那么也就是说，在人类历史发展最初期，人与人之间所存在的智力与意识的差别也是被有意安排的，对吧？因为唯有如此才会因各自理解的不同而产生分歧与矛盾，也才能推动人的各自的进步与发展，对吧？就像河流的生成，由于存在地势之间的落差，才有了流动的可能。在人类社会里，势必会因各种差别而存在各种类型的阶层。作为管理目的之用的国家的存在亦是必然的了？国家最早建立的初衷或许只是为了维护某些集团的利益，但从长远来看，是为了维系自身的长治久安及整个社会的稳定，作为国家代表的统治阶级势必要考虑到众多在下者的呼救及吁请，势必要通过各种办法缓和阶层之间的对立和矛盾，方能达成自己的目的，不是吗？

所以我们看到，为了平衡阶层间天然存在的各种不平等性，相对于有利资源不断向上层聚拢的自然流向，国家制定了抑上而扶下的税收政策。还有人才选拔制度，通过公开向全社会选拔人才，打通了阶层间的天然鸿沟，稳定了整个社会局面，以及其他的各种平衡政策。所以共同召唤它的到来也是势所必然。另外，国家作为一种后天人为的设定，唯有通过弥补人类社会中各种天然存在的先天不足，方能确立自己的存在，而这也才是最符合人性、符合人类共同本质的制度。因为我们本质是平等的，任何人都不该被忽略，被轻视。所以从有国家一词起始，凡是开明和睿智的统治阶级就总是强调要爱民如子，要爱育黎首。所以在如此领导的带领下，国家才能迎来太平盛世，人民也才能真正地过上安康和谐的生活。

相对于天性自由不羁，但因扎根于大地又需无比实际的个人来说，为了调节彼此之间因维护各自自由与实际的需要而产生的人我之间的矛盾，一个可以帮他们解决纷争，同时又能起到约束、管理及平衡作用的公平公正的权威机构就显得尤其必要，于是国家应运产生。国家也随着历史的发展和人们意识的提高不断改变与调整自己的政策，所以才有了新型的国家制度与国家理念，也更符合人性的本质。但是，另一点不可否认，相对于个体的绝对自由来说，国家都是代表了一定的束缚，不过真正的自由不也正是从这一定的束缚中产生的吗？如果每个个体均以目前的意识水平被允许绝对的自由，那结果岂不是造成世间的绝对混乱吗？到时哪还有自由可言，对吧？

婚姻，一夫一妻的婚姻制度是否给我们各自带来一定的束缚？从整体而观，是否给了我们整体真正的自由呢？泛泛的共有即等于泛泛的无有，亦即是虚空，所以更遑论自由？而有限的束缚则为我们带来了向往的空间，让我们从无进入到有。同时，一夫一妻制也是最符合人性的设计——男性世界与女性世界的平等。

还是那句话：万物负阴而抱阳，冲气以为和。此亦是辩证法的基本原理。所以宇宙是从有起始的，尽管它来源于无，也最终将归于无。所以人类的历史是从束缚开始的，从有组织开始的，虽然我们天性都是自由的。我们每个个体从一开始就被赋予了绝对的自由，但基于针对差别和局限而要人为参与得以平衡的反面设计，人类历史开始了，我们进入到由众多人我组成的社会中。我们会发现矛盾，我们也因此而成长，从而寻找到存在的实相。

没有反面，一切都不会开始，不会有良性循环，人类也不会长久。有了反面的设计，在我们为适应反面的存在而处于非我的状态之中时，在我们无可奈何地游走于真我和非我之间而疲惫不堪、纠缠不休之时，我们才有可能借此处境去试图弄明白我们要的究竟是什么，生命的意义在哪里。我们也才会去追寻生存的实相问题。所以我想，这应该就是反面存在的意义之所在吧？

现在我也终于了解了为什么众人要把孔子放在圣人的位置上，那就是缘于他的政治主张，要在失道已久、秩序混乱、德性沦丧等太过自由、几近野蛮的大环境里建立一种大的井然秩序。因为唯有在德清风正的井然秩序里，人人才能各安其心，各得其所，才能发挥各自所能，社会生产力也才会取得进步，整个社会才会有真正意义的大发展。而这即是与人天性中绝对的自由相反的一种反面设计。在这种设计下，社会才能最大限度地保持稳定，而每个人也才能依着自己的理解，最大限度地创造出每一个不同凡响的自我。另外，他所倡导的仁政，即是基于人类最根本的本质，本是同根生。他认为，在我们最深邃的内心，我们全体人类本是血脉相连的同一体，而此亦是所有我们良心的发源地，因此我们应相亲相爱，而非是在上者对在下者居功自傲般地垂怜。

真正的仁源于对真正的本质的认识。他在《为政篇》中所提出的"道之以政，齐之以刑，民免而无耻；道之以德，齐之以礼，有耻且格"的方法论则更是营造和谐社会的最佳良药。还有，"子张问：'十世可知也？'子曰：'殷因于夏礼，所损益可知也；周因于殷礼，所损益可知也。其或继周者，虽百世，可知也。'"这更是说明孔子深谙人心之诡谲，深谙相对于人心之变化无常，各种政策制度无论起初多么顾及周全都将会显出其所不足之处，及深谙两者之间消长变化的关系。当然，孔子的伟大之处不仅只有我随便举出的这一两例，在整个《论语》中随处都可见其思想的伟岸及深邃，可见其上下贯通于一的博大精深的学问，和应对处理问题时又不拘于一格的思想的睿智和做法的灵活。他在我心中不愧为让人敬仰与膜拜的圣人。

今天我读懂他了，我终于明白为什么他的学说会影响中国历史几千年，我想未来我们还会受其影响。至于曾经有一段时间，我们一度反儒反礼教，其实也不尽然是在反他，我想应是在反我们所理解的他。方法论类似于《易经》，只是我们把他的学问简单地模板化成各种礼数、各种照单全收的范式，是我们错误地去本逐末，然后又把其固化为只需照做无须探究的行为方式学，最终僵化成束缚我们自己的桎梏，令我们无比厌烦，令我们只想革除。因此我们反的是我们的错误，而不是他的理论。

一切有理有据，宇宙万物的存在确是某一意志的有意安排，是有序的，是可被理解的，是有意义的，而不是偶然、凌乱地堆砌。我们每个人自然地总要在纷乱而看似无意义的世界中去追寻一份意义，而这意义也确实是存在的。我们每个人的意义就是要通过生活，通过存在的一切不断提升自我的意识，不断创造自我，直到某一天，我们明了了自己，也即明了了整个世界、宇宙。我们就是自己的救世主，我们的明天如何，我们要选择如何度过这一生也完全取决于自己，而他人是无法代劳的。

这个曾经使我迷离、使我痛苦的花花世界，我不明白也不理解的世界，现在在我的心里愈渐清晰了起来，我不再迷茫。据说学佛必会经过三个阶段：学佛前——看山是山，看水是水；学佛中——看山不是山，看水不是水；悟道后——看山是山，看水是水。虽然我不曾学佛，但我对这个世界的认知大致也是这么个过程。我自问，难道这就是悟道？所谓道不就是能够认知自己，能够认知身边的世界，能够认知万事万物的起源及本质吗？我似乎明白了，我之所以犹疑的原因在于，我脑海中对于悟道的认知，还有来自道听途说的一些信息。他们说，悟道即是修炼成神成仙，即是能够拥有一定的法力，能够随心所欲地变化成各种形状，能够上穷碧落下黄泉。呵呵，怎么可能呢？我们双脚坚实地踩着大地，怎么会幻化为无形呢？直到这时，我才明白那其实是一些人对于不可知的事情的凭空想象，就像我们想象武侠世界里的那些一跃几十丈，登临空中驭风而行，会喷烟吐雾、能呼风唤雨的大侠们似的，其实他们完全不符合物理定律。

那么李艳呢？李艳的事情又怎么解释呢？附于李艳的"她"是看不见的另一个世界的信息，"她"可以看到有限的将来的一些事情。"她"还说过"每个人都有自己的命局，都可以根据自己的选择来决定自己的路，而我并不能实质性地带来什么"。那么是否即意味着在我们生命的前期，即灵魂状态之时，我们就已经大致地规划出了此生的蓝图？那也只是在理念当中，能不能实现，要不要如此进行，还是要依据我们现世的选择，对吗？每一个生命的到来，除了有父母的决定和行动之外，已经包括了自己的选择，对吧？我们不能再一味地嗔怪自己的原生家庭的影响了，因为那其中也有我们自己的选择，而且这选择已成为事实，已经无法更改，不如面向未来，未来还在我们各自手中。认真解决好生活所抛给我们的问题、难题，要比无济于事的抱怨更为可取，也更利于我们各自的成长。别忘了情境的问题，虽然在物质层面上我们各自处于不同的水平，但面对人生这一大课题，我们所要解决的问题，均大同小异。我们亦无须自怨自怜，关键还是在于我们自己的思考与选择。

那个世界又是怎么一回事呢？"她"可以超越地域的限制，超越物理世界的障碍，看到不在当下的他人的事情，她是怎么做到的呢？她是否是通过我感受过的爱的来源之地看到的呢？而这个包容了世间万事万物起源、发展、变化的地方，应该是那个世界的整体形象，即称之为上天、上苍或上帝的形象吧？那个世界同时拥有我们所有个人的心灵投射，它是一种看不见但又确在的思维的世界，或说是理念的世界，而我们现世的每个人，其实是肉体既生活在此世界当中，同时我们的信息又开放于彼世界当中。当我们没有了肉体的时候，我们其实也不是消失，只是在这个世界没有了形体，但还存在于另一世界当中。只是在彼世界的我们再也不能对此世界的人发声，即便可以发声，如果允许发声，也只能就像那个"她"，唯需借助于现实中的一个人才能实现，是吗？她还说过"不在她能力和权限范围内"的话，那是否意味着那个世界也有那个世界的规矩呢？

　　那我们为什么一定要来到这个世界呢？既然那个世界是爱的世界，是没有痛苦的世界，为什么我们还要来此自寻烦恼呢？我们要在这里收获经验，从而才能让意识真正地得到提升，让灵魂进化，这不就是我们每个人存在于这个世界的意义吗？因为那个世界只是思维的世界，是被给予理念的世界，是未经体验与感受的世界，就像老师、家长所教给我们各种正确的道理一样，如果我们不经实践，是永远难以体会且明了其中的道理的。而那些道理也就像临时穿戴在我们身上的衣服，随时都会被替换，因为它们并不真的属于我们，也即并不真的为我们所有。

　　来到这个世界，我们经历了，于是原本外在被给予的理念转化为我们自己实际体会所得出的、属于我们自己的感受，成为我们心灵的一部分，于是我们的意识提升了，我们的内在进化了。那么是否可以这么设想，每个个体为了得以进化，在两个世界要进行的过程与步骤是这样的：首先，在彼世界里，灵魂先选择要学习的东西，然后通过设计一定的方案，帮助自己实现目标，最后进入此世界去实地经历？所以人们常说我们的命运是三分天注定七分靠人为，人生最终的结果还是要看我们在现世的思考和选择。可能在现世中我们做了相同的思考，最终选择了前世的选择；也可能会依据自己的现状做出不一样的规划。

　　一些占卜家、一些相士能提前说出我们未来的一些信息，这也就没什么值得奇怪的地方了，不是吗？但是他们虽能说出，虽能指明一定的方向，却最终并不能实质性地帮到我们。因为我们的人生所遭遇的各种状况、所提出的各种问题、所揭示的各种矛盾及其中的各种滋味，唯有我们自己能体味，而正是这种体味决定了我们的思考和选择，也决定了我们能否借助这一问题使得自我的意识得到提升，从而发展到与之相适应的各自人生的新境界与新格局。

如果一味地指望别人，由别人为我们指明方向，我们自己在意识上却无任何进益，那么我们思想还会徘徊在原来的局限上，我们的人生还会踟蹰在原来的水平上，人生格局、人生境界当然也就不会有什么大的改观了。

因此，我们的人生还是要靠我们自己去掌控，我们在生存现实中所遇到的问题和矛盾，也必须由我们自己去直面解决，他人是无能为力的。

虽然现在终极意义明了了，但这道理只是经由我转述，而非你们自己体悟得出，所以这道理于你们而言就永远只是道听途说，你们就有权利选择相信或不信，反驳与不驳。道理是在的，一直都在，但我们仍需以各自的人生去验证为我们自己所信服的、一直都在的道理。

知道了那个世界又能怎么样呢？我们的真正人生仍需在各自的现实人生中去经历、去思考、去选择，如此方能成就自我，方能找到真正的自我，方能明白这个世界及存在的一切的意义。因此圣人所说"未知生，焉知死"，及"子不语怪力乱神"，其意义就在于此吧。因此，我们各自还需务实于各自的人生，在各自的人生中去思考、去创造，直至我们殊途同归。

第八章　试与上天问答

人的知识来源有两大类：一类得自于外部世界，一类来自自己。在我向终极意义求取解答的过程中，既有得自书本的启示，也有转向我内心的自我的思索。而自我思索的结果，即上天的智慧对我疑问的回应，亦是有两种不同的方式，一种是来自内心的，以十分明晰的语言告知我，这一种回应方式次数不是很多。通常的情况是，我在思索的过程中突然间豁然开朗，我需要自我组织语言去把握它、去理解它、去描述它。下面所写的正是这后一种情况。

我问上天：万能的造物主、最伟大的老天爷，既然您是确在的，既然您又赋予我们全部的自由，且誓不插手人间的事务，那么对于一些良知从未被唤醒或是良知早已泯灭，并且逍遥法外、恶贯满盈且还在持续作恶的人，难道我们就一点办法也没有了吗？难道就只能任其败坏人间风气吗？难道您也只能眼睁睁地看着坏人逞凶纵恶而无可奈何吗？难道善有善报、恶有恶报的因果报应之说，真的就只是传说吗？

上天：不是传说，但也不是主要的目的，那只是一个附带的结果。你们来这里的主要目的，就是要不断地考验你们自己，创造自己，直至创造伟大的自己。至于那些置良知于不顾、一直纵恶的人，他们走向了与本该经验的理念完全背道而驰的一条路，他们没有获得确认自我后的满足感，相反他们空虚匮乏、无所着落，成为精神上的乞丐，无处归依。他们因没有完成对自我的确认而会一直痛苦不堪，这种感觉会一直伴随他们，会让他们不得安宁，让他们自责，让他们一刻也得不到休歇。这是他们自造的惩罚，而这种惩罚直到他们以自愿的方式完成自我补过为止。

我问上天：整个世界、整个宇宙都是您创造的吗？是您从无中创造的有吗？

上天：是的，都是我创造的。

我：那就是有边界的了？

上天：是的。

我：灵魂是会不断转世的，直到自我意识提升至您的境界才会结束，是吗？

上天：是的。

我：那么在彼世界里，灵魂是完全自由的吗？也受一定的管理和约束呢？

上天：受管理和约束。

我：自然灾害是怎么发生的？是偶然的吗？

上天：万事万物统一于一个大的循环里，你们也是整个运动中的一个环节。世界之所以会发生诸如地震、海啸等所有被称之为自然灾害的事情，是由所有的你们所共同导致的。世界上没有偶然发生的事情，包括发生在你们个人身上的看似偶然的事情，其实也不是偶然，都有你们各自的个人因素在里面。

哦，至此，我不再有任何疑问。

以前，在我上大学的时候，我以为科学技术已经发展到一切都可以量化处理、量化管理的程度。可是当我毕业参加工作后，我才发现，原来人们复杂多变的心理，就无法用一系列单一的数字去简化处理。后来随着世界信息化的发展，随着知识面的扩大，我得知，其实有好多领域都是很难用简单的数字与公式去表达其中的逻辑关系的。今天，我更是认为，只要不存在什么悖论，那么用文字表达事物之间的逻辑关系，其科学性并不比通过数字公式表达的逻辑关系差，他们该是一样的，是可以等量齐观的。而且文字是数字在表达这个世界所不及之处的一个最好的补充。

第九章　古老的传说

我想起了那个古老的传说。

很久很久以前，那时还没有天，也没有地，天和地是混沌地交融在一起的，就像个大鸡蛋。有个叫作盘古的大巨人就住在里面……

盘古开天辟地的故事，及其他如女娲造人、伏羲的故事等，都是在上古时期由我们的祖先所想象出来的。还有奠定了后代整个思想文化基础，至今也依然在指导我们，春秋战国时期所涌现出的、百家争鸣的各类思想文化作品，这些都是在科学技术远没有现代发达的条件下，早早地便为我们的祖先所通晓并提出的。这说明，那时人们的思想既已普遍十分饱满，也不愿徒然地接受世界已然的现状，同样要对存在的一切做出解释。于是对自己及身边世界来龙去脉的解析的各种思想作品蜂拥而现。其中，某些个人的思想意识更是远远超前于时代，先知先觉地洞悉一切、了然一切。

真理早就在那儿，几千年前神明一般存在的先哲已经向世人阐明了一切，我们也都是知道的。

真理在那儿，我们都是聆听得到的，但是我们体会不到，所以我们无法完全认同。所以这么多年，后知后觉的我们不过是在顺应历史发展的同时一路体验着、验证着。

在我们所能体会到的一点思想文化的指引下发展了科技，然后利用科技来探索这个世界，以期某一天我们能全面得到关于这个世界的眼见为实的知识。在这个过程中，由大众意识的提高与科技的进步所共同推动的历史进程，我们也经历了群体追随圣人的历史，又经历了以群体之名义压制精英的历史，以至于今天我们迎来了个性自由大解放的时期，迎来了我们每个人智识觉醒的时代。历史还将继续发展下去，直到我们的意识都高度进化至同一点时为止。那时，我们的思想意识都将贯通一切、明了一切，企图用外在的物质来弥补内心空缺的行动不再；人人都天然自足，不会再过多地追寻额外的满足；人心的设防褪去；局限消失，边界无有，人人都自然和谐地相处在一起。

如世界之初时那样，一切美好而自然。于是世界又恢复了初始的模样。从原点又回到了原点，而不同的是，这是我们主动选择的结果，而非是我们接受的已然的安排。

尽管此时此刻，绝大多数的我们都还是一个个不起眼的极小点，但总有一天我们也会如同那些圣人似的明了一切、通达一切。我们每个人都不该妄自菲薄，条条大路通罗马。虽然我们起点不一，虽然我们先天性条件各自不同，过程亦不同，但我们终将殊途同归，就像1+9=10、2+8=10、5+5=10一样。请珍视我们各自的生命和生活，请在各自的人生中努力，然后依着各自的理解，去努力创造每一个最伟大的自己。

第十章　前疑尽消

　　笼统的好人和坏人的概念又是从哪里来的呢？这个打通我最初认识世界的视角、同时也是我最初偏见思想由来之处的概念，亦是至今还被大多数人都拿来用的概念是怎么来的呢？

　　为什么人总要将他人简单地二元对立，总要给他人贴上是非善恶的标签呢？我又记起了曾经困扰过我的那些问题和概念。

　　噢，我明白了，原来是这样的：在生活中，其实每个人都同时身处于两个世界，一个是我们存在并且挣扎于其中的世界，一个是我们观察聆听到的与我们自身无涉的外围世界。我们很清楚自己身处的现实世界，并且深谙其中的诡谲，但就像我们只把自己的美丽展现给别人一样，我们小心翼翼地把自己的丑陋掩盖起来，蒙上一层叫人看不清的纱幔，只把它深深地藏匿于心中。但是对外围世界则不然，我们可以淋漓尽致地畅谈，无须顾忌那个世界的人会对我们本身有什么影响。于是我们把平素不得伸张的对某人某事的怨怒、积愤，统统置换到与我们无关的他者身上，将他身上的恶放大，显得他好像只有恶这一种特征似的，而忽略了其他；同时我们也把自己本可以做到，但因种种顾虑始终未能如愿去做一些善良之举的遗憾同样也投射到他者身上，将他身上的好不断放大，令他好像从来也只有这一种品质似的，从而掩盖了他在生活中的真实样貌。于是，在无限广阔的外围世界里，一些人被永久地贴上好人的标签，一些人则成为十恶不赦的坏人。但无论是好人还是坏人，他们的称谓都是别人强加的，他们是被动的。

可没有人会在意这些，没有人会在意事实真相。相较于沉默存在着的作为个体的我们身处的世界，整个外围世界——每个个体的外围世界，因其数量庞大完全湮没了某个个体存在于其中的现实世界，最终以其强悍的姿态，不由分说地硬是将其一分为二的论调强加给所有人。于是世界的原貌被以对立的方式灌输给后来者，这种刻板印象抢先在他们尚未开化的头脑里注入一种错误的概念，以至于当他们有思维能力时，他们却早已被蒙蔽，还不明就理地天真以为，这个世界就像是人们所说的那样纯粹。

我懂了。我想好与坏的概念应是仅适用于定性性质单一的事件和物，而不适宜用在本性复杂多变的人身上。可问题是，当一个人好事做多了，也就只能用好人这样的直白又简单的词去形容他；一个人坏事做多了，坏人这个词在描述他的时候也最形象直观。所以我们还是不能丢弃掉这样的偏见。但也无所谓了，认识世界总是要从某一个视角入手的，相对于全部事实真相来说，认识探究都是由偏见的一角入手的，所以就让它这样吧。

第十一章　真相之外还有更大的真相

一日，在我跟孩子讲完上帝如何造人，如何造世界的伟大工程之后，孩子赞叹称奇之余，突然向我提出了一个问题。他说："妈妈，那上帝是从哪儿来的呢？"

是啊，上帝又是从哪儿来的呢？他的背后又有怎么样的意义和目的呢？他是作为其中的一环、一部分还是怎么的呢？更大的真相是什么呢？

一个声音从心底传来，他说："是的，你所知道的真相之外还有更大的真相。"